洪泛湿地植食性水鸟栖息地分布格局变化研究

滕佳昆　于秀波　杨　慧　王　冉　等 著

中国矿业大学出版社
· 徐州 ·

内 容 简 介

本书以长江中下游湖泊为研究区，聚焦通江湖泊鄱阳湖，解析水文节律与植食性水鸟栖息地的关系，构建"水文-植被-水鸟"之间的动态模型，厘清典型水文年植食性水鸟栖息地变化特征，评估鄱阳湖近40年植食性水鸟栖息地的时空格局演变，揭示长江中下游典型湖泊适宜栖息地分布格局变化，并针对性提出了长江中下游湿地水鸟的保护建议。

本书适合湿地生态研究者、水鸟保护工作者、自然保护区管理人员参考，也可为环境规划人员及生态学相关专业师生提供理论与实践借鉴。

图书在版编目(CIP)数据

洪泛湿地植食性水鸟栖息地分布格局变化研究/滕佳昆等著. —徐州：中国矿业大学出版社，2025. 3.
ISBN 978-7-5646-6717-7

Ⅰ. Q959.708

中国国家版本馆 CIP 数据核字第 20253LB677 号

书　　名　洪泛湿地植食性水鸟栖息地分布格局变化研究
著　　者　滕佳昆　于秀波　杨　慧　王　冉　等
责任编辑　周　红
出版发行　中国矿业大学出版社有限责任公司
（江苏省徐州市解放南路　邮编 221008）
营销热线　(0516)83885370　83884103
出版服务　(0516)83995789　83884920
网　　址　http://www.cumtp.com　**E-mail**:cumtpvip@cumtp.com
印　　刷　苏州市古得堡数码印刷有限公司
开　　本　787 mm×1092 mm　1/16　**印张** 10.75　**字数** 275 千字
版次印次　2025 年 3 月第 1 版　2025 年 3 月第 1 次印刷
定　　价　66.00 元

前 言

生物多样性对人类福祉和生态系统服务至关重要，但是过去几十年中，却呈现下降趋势。栖息地质量下降是生物多样性下降的主要原因，尤其是水鸟种群。作为水鸟栖息地的关键部分，例如湿地正在快速消失。因此，了解湿地生态系统与水鸟栖息地之间的关系对于全球生物多样性的保护至关重要，可以有效地分配资源以保护濒危物种和陆地生态系统。

长江中下游湿地是东亚-澳大利西亚迁徙路线中水鸟的重要越冬地，为数百万只水鸟提供了栖息地。其中鄱阳湖作为通江湖泊之一，独特的水文节律是塑造水鸟栖息地格局的重要因素。随着气候变化、经济发展及水利工程等干扰，长江中下游湖泊湿地质量下降、连通性降低以及生物多样性下降等诸多问题日益严重。尤其是近几年，极端气候事件频发，短期内高频率的极端水文现象给湖泊湿地维持正常的生态系统服务功能带来前所未有的压力。

本书以长江中下游湖泊为研究区，聚焦通江湖泊鄱阳湖，解析水文节律与植食性水鸟栖息地的关系，构建“水文-植被-水鸟”之间的动态模型，厘清典型水文年植食性水鸟栖息地变化特征，评估鄱阳湖近 40 年植食性水鸟栖息地的时空演变，揭示长江中下游典型湖泊适宜栖息地分布格局变化，并针对性提出了长江中下游湿地水鸟的保护建议。

本书共分 9 章：第 1 章介绍了湿地水鸟栖息地研究背景与意义及研究区概况，由滕佳昆、朱玉扣等撰写；第 2 章介绍了湿地植食性水鸟栖息地的研究现状，由于秀波、滕佳昆、闫兆进撰写；第 3 章介绍了湿地水文指标和雁类栖息地的关系，由滕佳昆、于秀波、闫兆进、张雪撰写；第 4 章介绍了湿地植被指标和雁类栖息地的关系，由滕佳昆、于秀波、杨慧撰写；第5至6章介绍了雁类适宜栖息地模拟和典型水文年变化特征，由杨慧、滕佳昆、朱玉扣撰写；第7章介绍了洪泛湿地食草雁类栖息地时空格局演变，由王冉、滕佳昆撰写；第8章介绍了长江中下游湖泊植食性水鸟栖息地变化，由杨慧、王冉、滕佳昆撰写；第9章在上述研究结果的基础上，进行了总结并提出了保护建议，由滕佳昆、于秀波撰写。

值此出版之际，感谢国家自然科学基金项目(42201115)、中央高校基本科研业务费专项资金(2024ZDPYCH1003)资助，感谢中国科学院地理科学与资源研究所于秀波研究员、刘宇副研究员、夏少霞副研究员、段后浪副研究员及团队成员的帮助与支持，感谢中国矿业大学资源与地球科学学院各位领导和同事的支持，感谢北京林业大学生态与自然保护学院贾亦飞副教授提供封面图片。

由于作者水平有限，加之时间仓促，书中难免存在疏漏和不当之处，恳请各位专家和读者朋友批评指正。

著　者

2025年2月

目 录

第 1 章 绪论 …… 1
1.1 研究背景与意义 …… 1
1.2 研究区概况 …… 2
1.3 研究内容与技术路线 …… 11
参考文献 …… 12

第 2 章 湿地植食性水鸟栖息地研究现状 …… 17
2.1 湿地水文与植食性水鸟栖息地 …… 17
2.2 湿地植被与植食性水鸟栖息地 …… 21
2.3 人类活动与水鸟栖息地 …… 23
2.4 气候变化与水鸟栖息地 …… 25
2.5 水鸟适宜栖息地模拟和评估 …… 27
参考文献 …… 31

第 3 章 湿地水文指标和雁类栖息地的关系 …… 43
3.1 数据来源及方法 …… 44
3.2 淹没时长指数 …… 50
3.3 雁类对淹没时长指数变化的响应特征 …… 57
3.4 雁类适宜栖息地时空格局变化 …… 59
3.5 2020 年极端洪水对雁类栖息地影响分析 …… 60
3.6 讨论 …… 62
3.7 本章小结 …… 64
参考文献 …… 64

第 4 章　湿地植被指标和雁类栖息地的关系 …… 69
4.1　数据来源及方法 …… 69
4.2　湿地植被指标提取结果 …… 71
4.3　雁类分布对湿地植被指数变化的响应 …… 74
4.4　典型水文年雁类觅食地及时空格局变化 …… 75
4.5　讨论 …… 79
4.6　本章小结 …… 80
参考文献 …… 80

第 5 章　雁类适宜栖息地模拟及精度验证 …… 83
5.1　干扰因子 …… 83
5.2　鄱阳湖雁类适宜栖息地模型 …… 85
5.3　模型精度验证 …… 88
5.4　讨论 …… 95
5.5　本章小结 …… 96
参考文献 …… 96

第 6 章　典型水文年雁类栖息地时空格局变化特征 …… 98
6.1　典型水文年雁类适宜栖息地模拟结果 …… 99
6.2　栖息地生物量关键阈值及觅食地时空分布格局变化 …… 102
6.3　碟形湖雁类栖息地时空格局变化及贡献率分析 …… 103
6.4　连通子湖和管控子湖之间栖息地适宜性的差异 …… 111
6.5　讨论 …… 115
6.6　本章小结 …… 117
参考文献 …… 117

第 7 章　洪泛湿地食草雁类栖息地时空格局演变 …… 121
7.1　数据来源及方法 …… 122
7.2　鄱阳湖近 40 年水文变化特征 …… 125
7.3　雁类适宜栖息地的 NDVI 阈值范围 …… 129
7.4　雁类栖息地与水文变化的关系 …… 130
7.5　适宜栖息地的时空格局变化 …… 133
7.6　讨论 …… 137
7.7　本章小结 …… 138
参考文献 …… 138

第 8 章 长江中下游湖泊群植食性水鸟栖息地变化差异 …… 142
8.1 长江中下游水鸟栖息地模型模拟 …… 143
8.2 模型预测结果评估 …… 144
8.3 长江中下游典型湖泊适宜栖息地分布变化 …… 145
8.4 植食性水鸟栖息地适宜性变化特征及其与洪泛湿地面积关系 …… 147
8.5 讨论 …… 149
8.6 本章小结 …… 150
参考文献 …… 150

第 9 章 结论与建议 …… 154
9.1 主要结论 …… 154
9.2 决策和建议 …… 155

附录 …… 157

第1章 绪 论

1.1 研究背景与意义

湿地作为陆地生态系统的关键组成部分,以全球陆地总面积的1.8%为人类社会提供了全球生态系统服务总量的23.2%[1],其功能包括安全供水、调蓄洪峰、调节气候和生物多样性保护等多方面[2,3]。水鸟是湿地生态系统的关键指示物种,是湿地生态系统的顶级捕食者,是开展湿地生态系统功能变化研究的理想对象。湿地水鸟的分布,因其对特定资源或不同生活史阶段的需求,而受到水文节律[4],特别是水位的波动幅度和频率变化的影响。水文节律变化会影响水鸟的食物来源,同时对其栖息环境产生影响。而水鸟也会适应上述变化,做出响应,表现为种群丰度及分布范围的变化,并且这种响应关系往往是非线性的。定量刻画这种变化及其内在机制是湿地生态学的核心问题之一。尽管之前的研究一定程度上揭示了水文变化与水鸟数量之间的关联性。但是由于数据及方法的局限性,这种关系仅停留在数量变化的描述上[5],缺乏两者之间时空分布格局变化关系的研究。水文关键参数空间变化对越冬水鸟及栖息地的影响机制分析,将对理解湿地生态系统格局与生态过程的相互作用机制有重要贡献。

栖息地丧失是全球生物多样性下降的最重要原因之一[6],并且威胁着生态系统的健康和完整性。在过去的10年中,中国越冬的雁类呈现稳定或下降的趋势[7]。植食性水鸟的减少与大多数长江中下游自然栖息地的退化有关[8]。因此,栖息地的监测、评估和保护对于维持动植物种群的稳定性和支持生态系统生物多样性的保护至关重要[9-11]。栖息地适宜性是由多种影响水鸟分布和觅食的环境因子综合而来的,被认为是决定水鸟数量的重要指标[12]。需要根据水鸟种群在迁徙过程中对主要环境的需求,找出影响水鸟种群栖息地适宜性的关键环境因子。植食性水鸟栖息地的分布变化受到水文、植被和人类活动等多种要素的综合影响。但是,现有研究中分析环境因素对雁类栖息地的影响,现象分析较多,机制研究较少;且要素之间内在的联系、相互之间复杂的作用机理及定量关系的研究也同样存在着技术瓶颈。因此,综合多源数据,发展新的环境因子提取计算方法,建立水鸟适宜栖息地模型,可以对突破相关研究的技术瓶颈做出重要贡献。

近年来，湿地作为水鸟栖息地的生物多样性功能维持受到越来越多的重视[13]。湿地生境对水鸟迁徙具有重要的生态意义，尤其是越冬地的生境，是水鸟迁徙过程中重要的能量补给来源，为不同种群提供食物和栖息地[14]。长江是我国第一大河流，长江中下游湖泊密布、营养本底高、江湖关系复杂、水生物种多样，在洪水调蓄、水资源供给、水质净化以及生物多样性维持等方面发挥着重要作用，具有极其重要的生态价值[15,16]。

同时，长江流域也是一个独特的江湖复合生态系统，具有生态类型复杂、生境多样、物种丰富等特征，是大量珍稀水鸟、特有鱼类和水生动物赖以生存的区域[17,18]。鄱阳湖作为长江仅有的两个通江湖泊之一，独特的水文节律是塑造水鸟栖息地格局的重要因素[19]。然而，随着气候变化、城市化发展、水利工程建设和围垦养殖等人类活动干扰，长江中下游湖泊普遍面临面积萎缩、水质下降、生态系统退化以及生物多样性下降等诸多问题[20,21]。尤其是近 10 年，极端气候事件频发，2020 年极端洪水到 2022 年极端干旱，短期内高频率的极端水文现象导致长江中下游湖泊正常的生态系统功能面临前所未有的压力。有鉴于此，开展自然水文情势变化对湿地水鸟及栖息地的影响机制分析，能够为长江中下游湿地水鸟保护和湿地可持续利用提供科学依据。

1.2 研究区概况

1.2.1 长江中下游湖泊湿地

长江中下游湖泊群(图 1-1)，位于中国东部，是长江流域的重要组成部分，也是中国乃至世界上最为重要的淡水湖泊资源之一[22]。这一区域的湖泊主要分布在长江中下游的湖北、湖南、江西、安徽、江苏等省份，包括了鄱阳湖、洞庭湖、太湖、洪泽湖、巢湖等众多大小湖

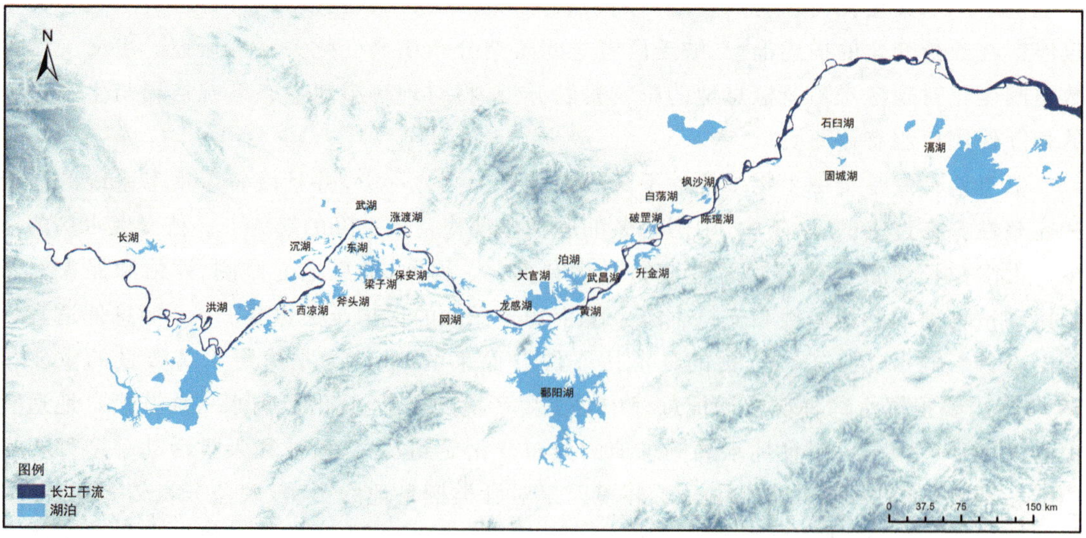

图 1-1 长江中下游湖泊群

泊，构成了一个庞大的湖泊生态系统。从地理分布上看，长江中下游湖泊群横跨东经110°至122°，北纬29°至32°之间，这些湖泊多为构造湖、河成湖和堰塞湖，它们在长江流域的水文循环和生物多样性保护中扮演着关键角色[22]。这些湖泊不仅是长江流域的重要水源地，也是调节河流径流、蓄洪防洪的自然屏障。从气候特征上来看，长江中下游地区属于亚热带季风气候，四季分明，雨量充沛；年均降水量在1 000 mm至1 600 mm之间，降水主要集中在夏季，冬季则相对干燥。从生态环境的角度来看，长江中下游湖泊群是众多水生植物和动物的栖息地，为维护生物多样性提供了重要的生态空间。这些湖泊湿地是迁徙鸟类的重要停歇地和越冬地，也是多种鱼类、两栖类和昆虫等水生生物的繁殖和生长场所。从社会经济的角度看，长江中下游湖泊群为周边地区提供了丰富的水资源，对农业灌溉、水产养殖、水上交通和旅游业等具有重要意义。同时，这些湖泊也是重要的科研和教育基地，对于研究湖泊生态、气候变化等领域具有极高的价值。总的来说，长江中下游湖泊群在自然生态、水资源管理、经济发展和文化传承等方面发挥着不可替代的作用。随着长江经济带的发展和生态文明建设的需求，保护和合理利用长江中下游湖泊资源已成为当务之急。

长江中下游拥有众多著名的淡水湖泊。这些湖泊拥有广阔的水域、优良的水质和丰富的水生生物资源，湖泊中的鱼类、虾类、水生植物等构成了复杂的水生生态系统，为水鸟提供了充足的食物来源。在这里，水鸟可以找到适宜的栖息环境，如茂密的芦苇丛、浅水区和草洲等地带，这些地方为它们提供了避难所和筑巢的材料[23]。每年冬季，随着北方地区气温的下降，大量水鸟开始向南迁徙，寻找温暖的越冬地。长江中下游地区因其优越的地理位置和丰富的湿地资源，成为这些水鸟的理想栖息地。

长江中下游水鸟栖息地拥有丰富的水鸟资源，不乏国家一级保护动物[24]，如东方白鹳、黑鹳、白鹤等，还有国家二级保护动物如小天鹅、白琵鹭、鸿雁等。长江中下游地区是东亚-澳大利亚迁徙路线上的重要节点[25]，每年有数百万只水鸟在此停歇、觅食、繁殖[26]。这些水鸟在迁徙过程中，为沿途地区的生态环境增添了活力，在传播种子、控制害虫等方面也发挥着重要作用，有利于保持生物多样性和生态系统的平衡状态。迁徙水鸟的到来，为长江中下游地区带来了丰富的生态旅游资源。湿地的健康直接关系到水鸟的生存和迁徙，因此加强湿地保护，维护水鸟栖息地的完整性十分重要。

1.2.1.1 水文特征

长江中下游地区的湖泊湿地，以其独特的水文特征，构成了长江流域的重要组成部分。长江中下游地区的降水主要集中在夏季，尤其是5月至7月，而冬季降水量相对较少。此外，该地区蒸发量也较大，尤其是在夏季高温季节，这使得湖泊和湿地在雨季和旱季的水位变化显著。长江中下游地区的湖泊湿地水位受长江上游来水和当地降水的影响，具有明显的季节性变化。丰水期（通常为6至9月）水位较高，湖泊水域面积扩大；而枯水期（通常为11月至次年3月）水位较低，湖泊水域面积缩小。这种水位变化对湖泊湿地的生态系统和生物多样性产生重要影响，水位在一定程度上上升时，湖泊湿地能够提供更多水生植物的生长空间[27]。而在水位下降时，“水落滩出”为植食性水鸟提供了栖息空间。

长江中下游地区的湖泊与长江干流之间通过自然水道相连，形成了独特的水文网络[28]。这种连通性使得湖泊水位和水量受到长江上游来水和当地降水的影响。然而由于长期的湖泊自然冲淤演变及人类活动的干预，部分湖泊的自然通江状态受到影响，一些湖泊已经建闸控制或进行了围垦，使得湖泊与长江干流之间的水文联系受到了限制。

长江中下游地区的湖泊面临严重的富营养化问题，主要原因是人类活动引起的氮、磷营养物质排放增加。富营养化不仅影响湖泊湿地的生态系统和生物多样性，还可能导致湖泊水体的透明度下降，影响水生植物的生长和鱼类的生存，减少水鸟食物资源。长江中下游地区历史上经常遭受洪涝灾害。这种灾害的发生与该地区的水文特征密切相关，包括湖泊与长江干流的连通性和湖泊的水位变化等。为了应对洪涝灾害，相关主管单位已经采取一系列的治理措施，包括加强湖泊流域的管理、优化水资源配置、实施生态修复工程等[29,30]。

1.2.1.2　长江中下游地区水鸟种类多样性

长江中下游地区，拥有丰富的水域资源，包括湖泊、河流、湿地等，为水鸟提供了良好的栖息和繁殖环境。长江中下游地区的水鸟种类多样，具体群落主要由以下几类鸟类组成：

(1) 涉禽：包括鹳形目、鹤形目、潜鸟目等，这些鸟类腿长，适合在浅水区觅食。例如在鄱阳湖可以观察到黑鹳和白鹤，黑鹳属于鹳形目鹳科，是一种大型涉禽，以其长腿和细长的喙而著称，适合在鄱阳湖的浅水区和湿地边缘觅食，主要以鱼类、两栖类和小型无脊椎动物为食。白鹤属于鹤形目鹤科，在鄱阳湖的湿地和草甸地带较为常见，它们的长腿适合在浅水区行走，以植物根茎和水生植物的种子为食[31]。

(2) 游禽：包括雁形目、鸥形目、鹭形目等，这些鸟类善于游泳，以水生植物和水生动物为食。例如在洞庭湖可以观察到豆雁(*Anser fabalis*)、绿头鸭(*Anas platyrhynchos*)和白额雁(*Anser Albifrons*)等。豆雁属于雁形目，是洞庭湖三种典型食草雁类之一，豆雁的时空分布则相对稳定，对生境变化可能更倾向于采用忍耐策略[32]。其在浅水区和开阔水域中较为常见，它们善于游泳，以水生植物的根茎、种子和嫩叶为食。绿头鸭也是雁形目，是洞庭湖中常见的游禽之一，它们不仅善于游泳，还能潜水觅食，主要以水生植物和水生昆虫为食。红胸黑雁是雁形目，它们在洞庭湖的湿地和浅水区活动，以水生植物为主食，也会食用一些小型无脊椎动物。

(3) 猛禽：包括隼形目、鹰形目等，这些鸟类以捕食其他鸟类或小型哺乳动物为生。例如在太湖可以观察到游隼(*Falco peregrinus*)和黑耳鸢(*Milvus migrans*)。游隼属于隼形目隼科，是太湖地区常见的猛禽之一，它们以极快的飞行速度捕食其他小型鸟类，如鸽子和鸭子，也会捕食小型哺乳动物。黑耳鸢属于鹰形目鸢科。黑耳鸢在太湖沿岸的树林和开阔地带较为常见，它们主要以鱼类、两栖类和小型哺乳动物为食，偶尔也会捕食其他鸟类。

1.2.1.3　长江中下游地区水鸟迁徙路径

水鸟迁徙跨越国界、连接不同生态系统，从西伯利亚到东南亚，数百万水鸟沿着这条生命之路迁徙，洞庭湖、鄱阳湖是最为关键停歇地和觅食地。

长江中下游湿地每年为超过100万水鸟提供越冬地[26]。春秋两季，大量水鸟沿着这条路线进行长距离的迁徙。秋季迁徙通常从9月开始，持续至11月，水鸟从北方繁殖地向南方越冬地迁徙。春季迁徙从3月开始，持续至5月，水鸟从南方越冬地向北方繁殖地返回，越冬水鸟的主要迁徙路径有西部路径和东部路径两种(图1-2)。

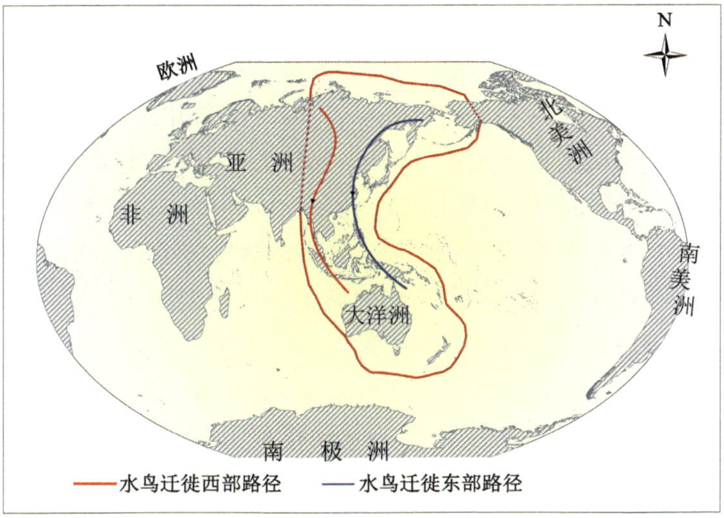

图1-2 东亚-澳大利西亚东部及西部迁徙路径示意图

西部路径由西伯利亚、蒙古等地的繁殖地而起。在西伯利亚和蒙古的高纬度地区，夏季气候凉爽，湿地和湖泊众多，为水鸟提供了理想的繁殖环境。这些地区通常人迹罕至，自然条件原始，为水鸟筑巢、孵化提供了安全的场所。在繁殖季节，水鸟在这些地区配对、筑巢、产卵和育雏。幼鸟在父母的照料下成长，并逐渐学会飞翔和觅食。水鸟迁徙途经中国西部的湖泊和湿地，如青海湖位于长江中下游的鄱阳湖，是中国第一大淡水湖，也是水鸟迁徙的重要中转站和越冬地。湖区内丰富的水生植物和底栖生物为水鸟提供了充足的食物。水鸟继续向南飞行，最终抵达中国南部和东南亚的越冬地。这些越冬地通常气候温暖，食物丰富，除长江中下游湿地以外还有海南岛、广西沿海、广东珠江三角洲以及东南亚的湄公河三角洲等，都是水鸟理想的越冬场所。在越冬地，水鸟主要进行觅食和休息，以储备能量准备来年的迁徙和繁殖。这些地区也为不同种类的水鸟提供了多样化的栖息环境，从浅水滩涂到深水湖泊，满足了不同水鸟的需求。

东部路径起点在东北亚的繁殖地。东北亚的繁殖地主要位于俄罗斯远东地区，包括西伯利亚东部、堪察加半岛、库页岛等地。这些地区拥有广阔的湿地、苔原和森林，为水鸟提供了丰富的食物资源和适宜的繁殖环境。在这里，水鸟进行繁殖活动，如筑巢、产卵和育雏。繁殖期间，这些地区的湖泊和河流为水鸟提供了充足的食物，如鱼类、昆虫和无脊椎动物。水鸟途经中国东部的沿海湿地。黄渤海湾是中国东部沿海的一个重要湿地地区，包括黄河三角洲和辽东湾。这里的海滩、浅滩和潮间带为迁徙的水鸟提供了丰富的食物资源，特别是贝类、甲壳类和小型鱼类。长江三角洲是长江入海口处的广阔湿地，包括上海、江苏和浙江的部分地区。这里的水域和湿地是迁徙水鸟的重要停歇和觅食地，为它们提供了必要的能量补给。部分水鸟在长江中下游地区的湖泊和湿地停留，如鄱阳湖、洞庭湖、洪泽湖等，这些地方为水鸟提供了丰富的食物和栖息地。其他水鸟继续向南迁徙，经过广东、广西等华南地区，最终抵达东南亚的越冬地，如越南、泰国、马来西亚和印度尼西亚等地的湿地和沿海地带。

1.2.2 鄱阳湖

鄱阳湖(N28°22′～29°45′,E115°47′～116°45′)位于长江中下游，江西省北部，是我国第一大淡水湖(图 1-3)。鄱阳湖地处东亚季风区，气候温和，雨量丰沛，属于亚热带温暖湿润气候。湖区主要站多年平均降水量为 1 322～1 830 mm，降水量主要集中在 4～6 月，降水量的年内分配不均匀，冬季降水量全年最少[41]。鄱阳湖与长江干流之间的互动关系复杂多变，受到水沙条件变化的深刻影响。在长期的湖泊自然冲淤演变过程中，加之人类开发活动的干预，鄱阳湖的形态和功能经历了显著变迁。目前，在长江中下游的众多湖泊中，仅剩洞庭湖、鄱阳湖和石臼湖保持着与长江的自然连通状态。其他的通江湖泊，或是建闸控制，或是围垦成田，失去了与长江的自然交流，这也使得鄱阳湖在长江流域的生态作用愈发显得重要。

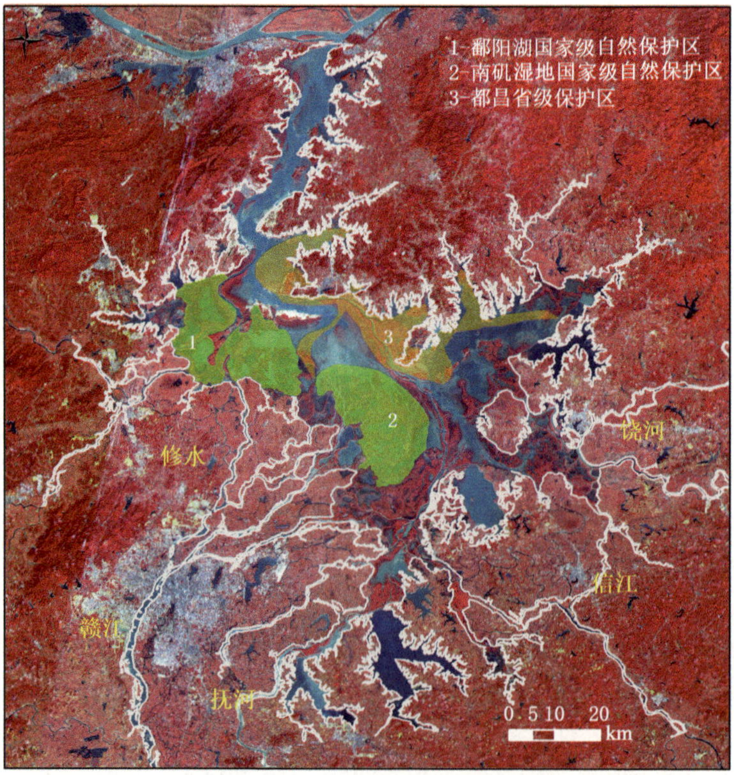

图 1-3 鄱阳湖影像图

1.2.2.1 鄱阳湖水鸟栖息地

鄱阳湖，位于江西省北部，是中国最大的淡水湖，也是世界排名第六的淡水湖。它地处长江中下游平原，占地面积约为 3 583 km^2，具有调节长江水位、改善生态环境、维护生物多样性等多种功能[45]。鄱阳湖流域涵盖了赣江、抚河、信江、饶河、修水五大水系，湖水季节性变化显著，形成了独特的湿地生态系统，为众多水鸟提供了理想的栖息地。水鸟栖息地包括湖泊、河流、沼泽、草洲等多种湿地类型，鄱阳湖湿地在枯水期面积 129 000 hm^2，平水期面积 279 700 hm^2，丰水期面积 390 000 hm^2，这些湿地为水鸟提供了丰富的食物资源和多样的栖息环境[45]。

鄱阳湖属于亚热带季风气候，四季分明，雨量充沛，并且其湿地生态系统具有较高的生物多样性，具有丰富的植物、鱼类、两栖类和昆虫等生物资源，为水鸟提供了充足的食物储备。冬季鄱阳湖栖息着约 87 种，超过 400 000 只水鸟[46]。这些水鸟包括白鹤、东方白鹳、黑鹳、小天鹅、白琵鹭、鸿雁、豆雁、赤麻鸭、绿头鸭等数十种。其中，白鹤是鄱阳湖越冬水鸟中的明星物种，中国几乎所有的白鹤都在鄱阳湖过冬[47]，鄱阳湖拥有世界上最大的白鹤越冬种群。

不同雁类迁徙的时间节律存在差异，例如白额雁、豆雁、鸿雁分别是在 10 月初至 11 月初、11 月中旬、12 月中旬到达鄱阳湖[48]。高峰期集中在 11 月底至次年 2 月初，持续时间约为 100 天。这些雁类分别在 2 月中旬、2 月底和 3 月中旬开始迁离鄱阳湖。这些越冬水鸟大多来自西伯利亚、蒙古等地，迁徙距离长达数千千米。为了保护鄱阳湖越冬水鸟及其栖息地，在 1983 年设立了鄱阳湖国家级自然保护区，这是中国最早设立的自然保护区之一，总面积达 224 km^2，该保护区的主要目标是保护鄱阳湖越冬水鸟及其栖息地，维护湿地生态系统的完整性和生物多样性。

为了有效保护越冬水鸟及其栖息地，鄱阳湖国家级自然保护区采取了一系列保护措施：对湿地进行了严格的管理，限制人类活动对湿地的破坏，如禁止滥采乱挖、过度捕捞等行为；加强了执法力度，打击非法捕猎、贩卖水鸟等违法行为，确保水鸟的安全。保护区的生态环境相对过去有明显优化[50]。鄱阳湖水位季节性波动较大，极端气候条件下，水位波动可能对越冬水鸟造成影响，由于气候变化和人类活动的影响，鄱阳湖湿地还面临着退化的风险，这对越冬水鸟的生存有一定的威胁。通过定期对越冬水鸟进行监测和调查，收集数据，为保护工作提供科学依据。

1.2.2.2 鄱阳湖水文特征

鄱阳湖位于长江流域，上承赣江、抚河、信江、饶河、修水五条大河来水，由湖口注入我国第一大河长江，是个季节性、吞吐型的湖泊。鄱阳湖水位涨落受五河及长江来水的双重影响，洪水季节，湖泊水位升高，湖面宽阔；枯水季节，湖泊水位下降，洲滩出露。由此，鄱阳湖丰、枯水期的水面面积、容积相差极大，呈现“洪水一片、枯水一线”的特征，如图 1-4 所示。

鄱阳湖呈现湖相时湖水面开阔，洲滩全部淹没，碟形湖与主湖区连通；呈现河相时湖水全部归于主河道，洲滩全部出露，碟形湖与主湖区脱离。鄱阳湖水位变化较大，一年之内先

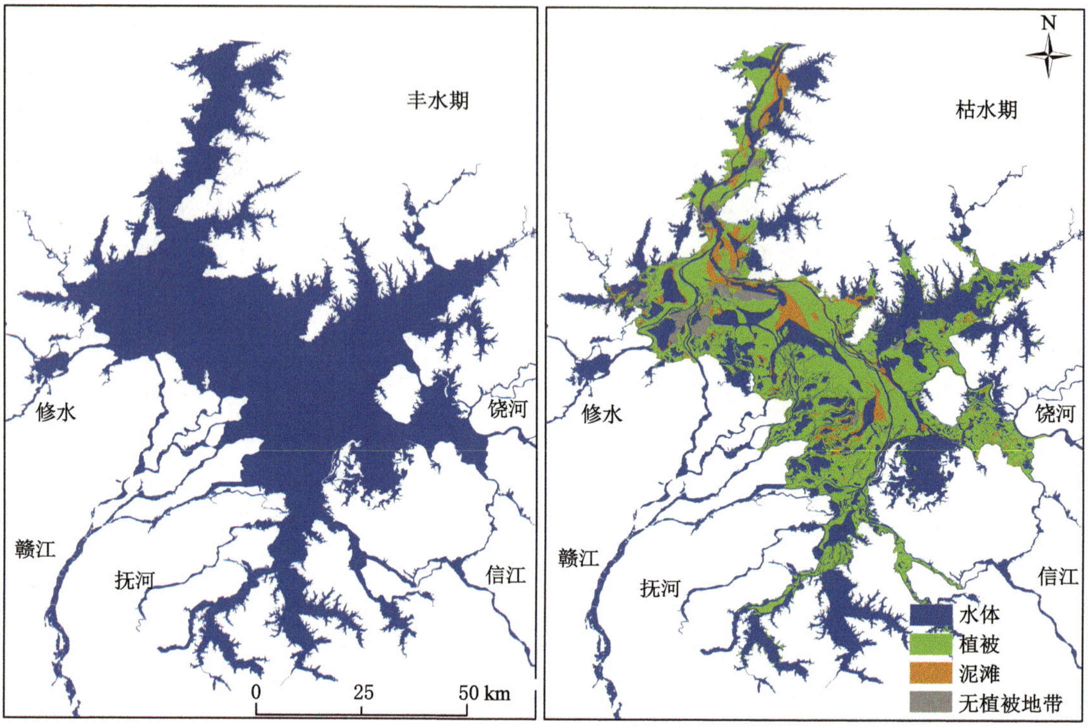

图 1-4　鄱阳湖丰枯水季差异

升高，后降低，呈现单峰形状，汛期 4～6 月水位上涨，枯水季 9～11 月水位消落。这是因为五河流域主汛期为 4～6 月，6 月水量最大，水位最高，长江干流主汛期为 7～8 月，也同样会影响湖区水位，最高水位一般出现在 7～8 月，期间长江干流水位对鄱阳湖顶托作用明显[52]。鄱阳湖水位年内丰枯变化明显，其独特的丰、枯水位周期性年变化造成了湖底干湿状态的转换，湖区不同区域的淹水时长对湿地植被演替具有重要意义。鄱阳湖水位丰枯季节变化是鄱阳湖湿地形成的主要驱动因素，是其维持湿地的生态特征和水鸟栖息的基本条件，并使鄱阳湖成为具有国际意义的越冬水鸟的栖息地。

1.2.2.3　鄱阳湖植被物候特征

鄱阳湖是一个多类型的湿地复合体，湿地植物生态系统结构复杂，生物多样性极其丰富。丰富的植物区系和复杂的生态条件构成了鄱阳湖区多样化的植物群落和生态类型(图 1-5)。湿地植物对水分需求不一，各自有着不同的水分生态位，形成了特定的分布模式，主要包括：中生草甸、沼生植被、湿生植被、水生植被(沉水植被和挺水植被)。中生草甸分布于枯水期洲滩，丰水期水位较低且维持时间短，典型植物包括中生植物狗牙根、牛鞭草，湿生植物苔草等。湿生植被和沼生植被主要分布于滩地、沼泽、稀疏草洲等，典型湿生植物包括苔草、虉草、蓼子草，沼生植物包括荸荠、水田碎米荠、针蔺、水马齿。水生植被分布于水位较高、透明度较高的水域。其中沉水植被的典型植物有苦草、黑藻、聚草、大茨藻、小茨藻、多种眼子菜、金鱼藻等；挺水植被的典型植物有芦苇、南荻和菰等。

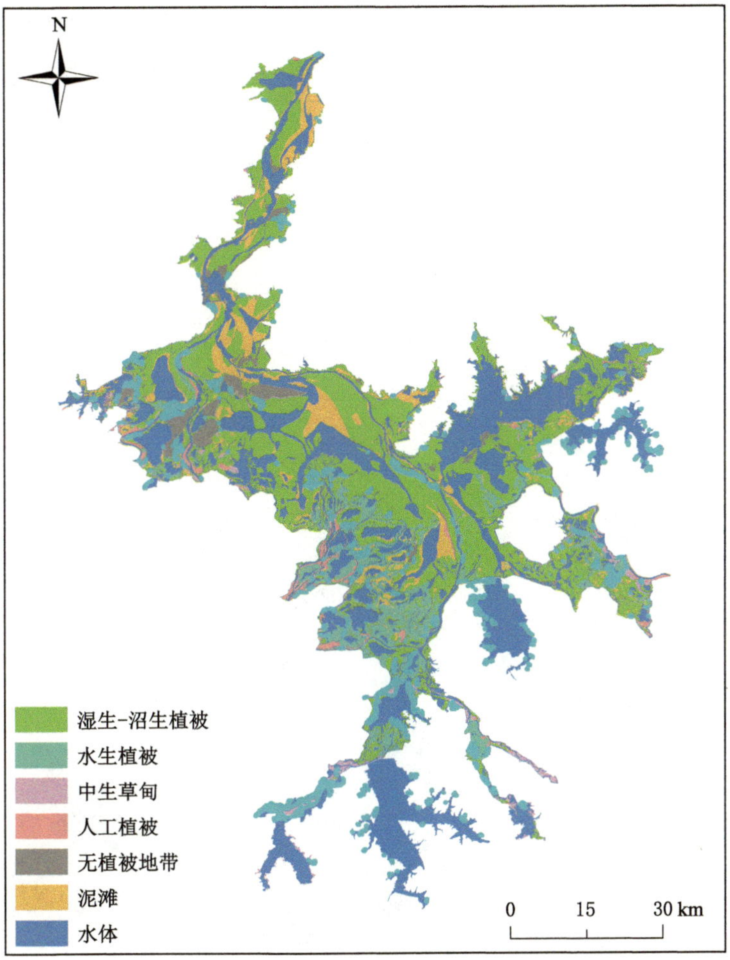

图 1-5 鄱阳湖植被类型图

数据来源《鄱阳湖水利枢纽工程对湿地与越冬水鸟影响及对策研究》，未发表报告

鄱阳湖植食性雁类主要以莎草类草洲为食，苔草群落是鄱阳湖区面积最大、分布最广的群落类型，组成群落的苔草种类较多，常常是多种苔草混生在一起，成为群落优势种。苔草在鄱阳湖水文条件适宜的情况下有 2 个生长期。退水阶段，随着水位的下降，滩地出露，苔草的水下休眠芽开始生长。苔草群落的生物量随滩地出露时间增加而增大，呈现出随着高程的降低而减少的趋势。当气温低于 10 ℃时，苔草停止生长进入冬季休眠期，至次年 2 月，气温回升到 10 ℃以上，苔草结束休眠开始萌芽，此时期是苔草生物量积累最快的时期。到 4 月进入稳定阶段，生物量维持稳定。最后鄱阳湖进入丰水期，水位迅速升高，苔草被淹没腐烂，又进入休眠状态。

1.2.2.4　鄱阳湖的碟形湖

鄱阳湖的“碟形湖”或“子湖”是用于描述丰水期与主湖相连、枯水期与主湖隔绝、自身有独特水位变化规律的鄱阳湖边缘的湖泊(图 1-6)。这类湖泊由于湖底呈碟形,水位变化导致湖周围浅水、泥滩和草洲发生剧烈的改变,从而对依赖草洲和泥滩的越冬水鸟具有重要意义。

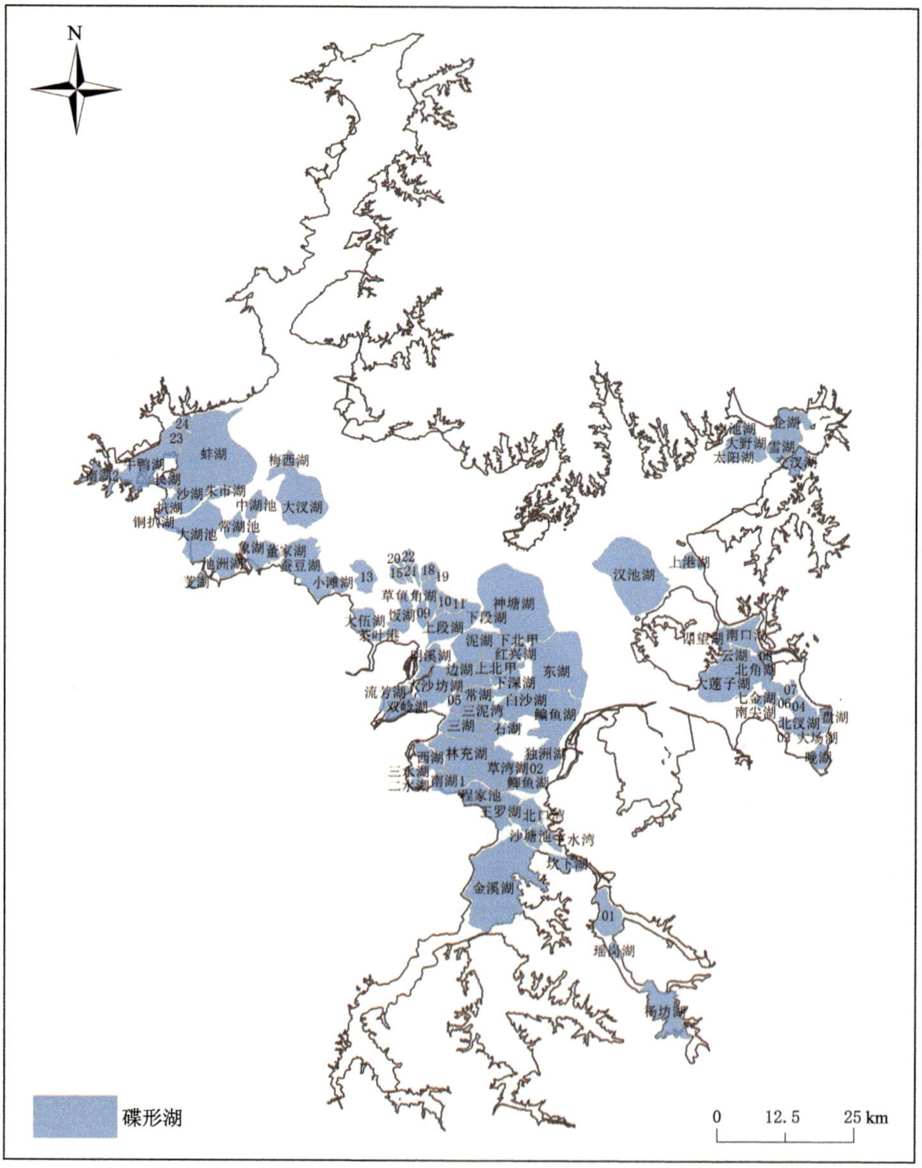

图 1-6　碟形湖位置图

鄱阳湖在 9～10 月开始退水,碟形湖陆续与主湖脱离,至次年 4～5 月鄱阳湖水位升高,重新连通。碟形湖水位高于主湖区,并逐渐消落,连通期碟形湖水位与主湖区相同,与主湖区水位同步涨落。一般在1、2月期间碟形湖达到最低水位，部分碟形湖维持较低水位，个别碟形湖湖底甚至全部出露，最低水位持续至4月份。子湖泊内植被呈环带状分布，湿地植被、底栖生物等资源丰富，是越冬水鸟的主要觅食场所。碟形湖与主湖区的连通情况分为两类：一是自然连通，通过碟形湖湖周自然冲淤形成的高地与主湖区自然相连；二是闸控连通，湖周建有人为建设的圩堤，并建有闸门进行调控。过去，以渔业资源利用为目的，在枯水期，将水排干进行鱼类资源捕捞，当地称为"堑秋湖"，这种"竭泽而渔"渔业形式虽然对鱼类生态造成了巨大的负面影响，但是由于碟形湖排水时间与越冬水鸟到达鄱阳湖时间一致，为雁类提供了适宜取食的栖息地。2020年开始对鄱阳湖进行全湖禁渔，禁渔后对水鸟的影响仍然未知。

1.2.2.5 鄱阳湖雁类概况

鄱阳湖以植食性雁鸭类为优势种群[59]，已记录到的雁鸭类有7属26种，鄱阳湖雁鸭类水鸟数量在1998—2007年均在10万只以上，且2005年以来，雁鸭类数量达到35.7万余只。

鄱阳湖雁类每年10月初到达，到次年4月迁离。大量的雁类在10月中旬开始到达，在11月份鸟类急剧增加，在12月和次年1月雁类的数量达到峰值，然后开始慢慢减少，在4月初仅仅有少量的雁类停留在鄱阳湖。莎草/禾本科植被是雁类主要的食物来源，莎草/禾本科主要包括苔草、虉草等，其分布带通常呈相对狭窄的带，鄱阳湖地区莎草草洲一般分布的高程范围为14.1～15.3 m[61]。为了保护湿地鸟类及其栖息地，鄱阳湖湿地范围内目前共建立以候鸟及湿地生态系统为主要保护对象的国家级自然保护区2个、省级自然保护区1个。

1.3 研究内容与技术路线

湿地水鸟栖息地的模拟、评估及变化分析对于生物多样性保护具有重要意义，是实现生态文明建设的重要内容。本书以长江中下游湖泊湿地为研究区域，以其中的通江湖泊——鄱阳湖为切入点，探究鄱阳湖水文、植被与植食性水鸟之间的作用关系，构建栖息地适宜模型分析典型水文年水鸟栖息地的分布差异。根据植食性水鸟食性特征，评估鄱阳湖近40年植食性水鸟栖息地面积及分布变化特征。最后，基于鄱阳湖水鸟的理论研究基础，进行尺度扩展，阐明长江中下游不同湖泊湿地水鸟栖息地分布及变化趋势，为湿地与候鸟栖息地保护提供科学方法和决策依据。

本书旨在分析食源为植物的水鸟空间分布与环境因子的关系，并模拟其分布变化。本书技术路线如图1-7所示。

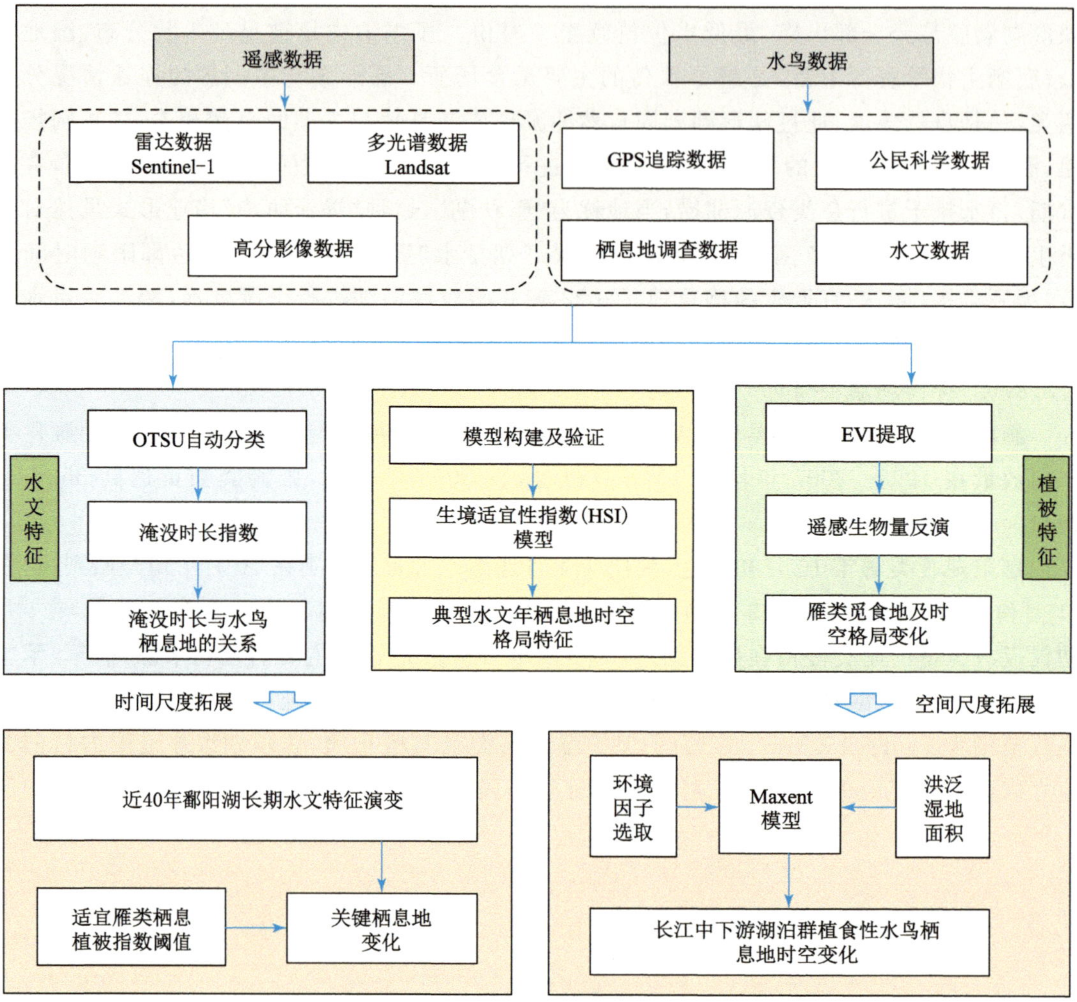

图 1-7　技术路线图

参考文献

[1] COSTANZA R, DE GROOT R, BRAAT L, et al. Twenty years of ecosystem services: how far have we come and how far do we still need to go? [J]. Ecosystem Services, 2017, 28: 1-16.

[2] HANSEN A T, DOLPH C L, FOUFOULA-GEORGIOU E, et al. Contribution of wetlands to nitrate removal at the watershed scale [J]. Nature Geoscience, 2018, 11: 127-132.

[3] JENNY J P, ANNEVILLE O, ARNAUD F, et al. Scientists' warning to humanity:

rapid degradation of the world's large lakes[J]. Journal of Great Lakes Research, 2020,46(4):686-702.

[4] 王强,吕宪国. 鸟类在湿地生态系统监测与评价中的应用[J]. 湿地科学,2007,5(3):274-281.

[5] MERKEN R,DEBOELPAEP E,TEUNEN J,et al. Wetland suitability and connectivity for trans-Saharan migratory waterbirds[J]. PLoS One,2015,10(8):1-6.

[6] MAC NALLY R,BENNETT A F,THOMSON J R,et al. Collapse of an avifauna:climate change appears to exacerbate habitat loss and degradation[J]. Diversity and Distributions,2009,15(4):720-730.

[7] JIA Q,KOYAMA K,CHOI C Y,et al. Population estimates and geographical distributions of swans and geese in East Asia based on counts during the non-breeding season [J]. Bird Conservation International,2016,26(4):397-417.

[8] YU H,WANG X,CAO L,et al. Are declining populations of wild geese in China 'prisoners' of their natural habitats? [J]. Current Biology,2017,27(10):376-377.

[9] CAO L,FOX A D. Birds and people both depend on China's wetlands[J]. Nature, 2009,460(7252):173.

[10] HANSON J O,RHODES J R,BUTCHART S H M,et al. Global conservation of species' niches[J]. Nature,2020,580(7802):232-234.

[11] PIMM S L,JENKINS C N,ABELL R,et al. The biodiversity of species and their rates of extinction,distribution,and protection[J]. Science,2014,344(6187):1-8.

[12] CUI Y L,DONG B,CHEN L N,et al. Study on habitat suitability of overwintering cranes based on landscape pattern change-a case study of typical lake wetlands in the middle and lower reaches of the Yangtze River[J]. Environmental Science and Pollution Research International,2019,26(15):14962-14975.

[13] Gardner R C,Finlayson C. Global wetland outlook:state of the World's wetlands and their services to people;proceedings of the Ramsar Convention Secretariat,F,2018 [R/OL]. [2024-06-26]. https://www.global-wetland-outlook.ramsar.org/gwo-2018.

[14] FAN Y G,ZHOU L Z,CHENG L,et al. Foraging behavior of the greater white-fronted goose (anser albifrons) wintering at Shengjin Lake:diet shifts and habitat use [J]. Avian Research,2020,11:3.

[15] 杨锡臣,窦鸿身,汪宪栕,等. 长江中下游地区湖泊的水文特点与资源利用问题[J]. 自然资源,1982,4(1):47-54.

[16] 陆大道. 长江大保护与长江经济带的可持续发展:关于落实习总书记重要指示,实现长江经济带可持续发展的认识与建议 [J]. 地理学报,2018,73(10):1829-1836.

[17] 杨桂山. 长江保护与发展:成就、问题与对策[J]. 中国科学院院刊,2007,22(5):380-385.

[18] 王海英，姚畋，王传胜，等. 长江中游水生生物多样性保护面临的威胁和压力[J]. 长江流域资源与环境，2004，13(5)：429-433.

[19] 贾亦飞. 水位波动对鄱阳湖越冬白鹤及其他水鸟的影响研究[D]. 北京：北京林业大学，2013.

[20] 徐梦佳，刘冬，葛峰，等. 长江经济带典型生态脆弱区生态修复和保护现状及对策研究[J]. 环境保护，2017，45(16)：50-53.

[21] 朱广伟，许海，朱梦圆，等. 三十年来长江中下游湖泊富营养化状况变迁及其影响因素[J]. 湖泊科学，2019，31(6)：1510-1524.

[22] LI X W，YU X B，JIANG L G，et al. How important are the wetlands in the middle-lower Yangtze River region：an ecosystem service valuation approach[J]. Ecosystem Services，2014，10：54-60.

[23] 王昱熙，赵青山，谢彦波，等. 长江中下游湿地大型水鸟种群动态和幼鸟比例研究[J]. 生态学报，2023，43(2)：868-877.

[24] 曹垒，孟凡娟，赵青山. 基于前沿监测技术探讨"大开发"对鸟类迁徙及其栖息地的影响[J]. 中国科学院院刊，2021，36(4)：436-447.

[25] HE K，LEI J L，JIA Y F，et al. Temporal dynamics of the goose habitat in the middle and lower reaches of the Yangtze River[J]. Remote Sensing，2022，14(8)：1883.

[26] JIA Y F，ZENG Q，WANG Y Y，et al. Processes shaping wintering waterbird communities in an intensive modified landscape：Neutral assembly with dispersal limitation and localized competition[J]. Ecological Indicators，2020，114：1-6.

[27] 袁赛波，张晓可，刘学勤，等. 长江中下游湖泊水生植被的生态水位管理策略 [J]. 水生生物学报，2019，43(增刊)：104-109.

[28] YAO S C，LI C H，XUE B. Elevation of basal lacustrine sediments along the mid-lower reaches of the Yangtze River and its implications for the reconstruction of Holocene water levels[J]. Science China Earth Sciences，2024，67(9)：2924-2936.

[29] 周建军，张曼. 近年长江中下游径流节律变化、效应与修复对策 [J]. 湖泊科学，2018，30(6)：1471-1488.

[30] 赵晏慧，李韬，黄波，等. 2016—2020年长江中游典型湖泊水质和富营养化演变特征及其驱动因素[J]. 湖泊科学，2022，34(5)：1441-1451.

[31] JIA Y F，JIAO S W，ZHANG Y M，et al. Diet shift and its impact on foraging behavior of Siberian crane (grus leucogeranus) in Poyang Lake[J]. PLoS One，2013，8(6)：1-8.

[32] ZHANG P Y，ZOU Y A，XIE Y H，et al. Shifts in distribution of herbivorous geese relative to hydrological variation in East Dongting Lake wetland，China[J]. Science of the Total Environment，2018，636：30-38.

[33] 邓正苗，谢永宏，陈心胜，等. 洞庭湖流域湿地生态修复技术与模式[J]. 农业现代化研

究,2018,39(6):994-1008.
[34] 陈旻坤,徐昔保.近 30 年来鄱阳湖生态系统服务变化[J].湖泊科学,2021,33(1):309-318.
[35] 董李勤,章光新.全球气候变化对湿地生态水文的影响研究综述[J].水科学进展,2011,22(3):429-436.
[36] 楚国忠,侯韵秋,张国钢,等.卫星跟踪青海湖繁殖水鸟的迁徙[J].自然杂志,2008,30(2):84-89.
[37] 余定坤,徐志文,龚磊强,等.越冬期、迁徙期和繁殖期鄱阳湖区中鸻鹬类水鸟的多样性[J].湿地科学,2023,21(5): 671-680.
[38] 马天,张国钢,SYROECHKOVSKI E E,等.俄罗斯远东地区勺嘴鹬繁殖地夏季水鸟调查 [J].动物学杂志,2018,53(4): 507-518.
[39] 段后浪,于秀波.黄渤海濒危水鸟栖息地动态变化研究 [J].生态学报,2023,43(15):6354-6363.
[40] 张强,马克明,李金亚,等.不同尺度下停歇点湿地对迁徙水鸟的影响研究综述[J].生态学报,2017,37(8):2520-2529.
[41] ZHAO G J,HÖRMANN G,FOHRER N,et al. Streamflow trends and climate variability impacts in Poyang Lake basin,China[J]. Water Resources Management,2010,24(4):689-706.
[42] 吴桂平,刘元波,范兴旺.近 30 年来鄱阳湖湖盆地形演变特征与原因探析[J].湖泊科学,2015,27(6):1168-1176.
[43] 陶江平,刘宏高,易燃,等.长江中游江湖生物通道恢复的关键生物学问题与框架构建:以武汉市涨渡湖群为例[J].水生态学杂志,2023,44(5):1-8.
[44] WANG H Y,LIU W G,LENG Q,et al. 2000 years of lake-level fluctuations and human adaptation around China's largest freshwater lake[J]. Palaeogeography,Palaeoclimatology,Palaeoecology,2023,612:1-10.
[45] 崔丽娟.鄱阳湖湿地生态系统服务功能研究[J].水土保持学报,2004,18(2):109-113.
[46] DEBELA M T,WU Q M,CHEN L,et al. Composition and diversity of over-wintering aquatic bird community on Poyang Lake,China[J]. Diversity,2020,12(8):308.
[47] LI F S,WU J D,HARRIS J,et al. Number and distribution of cranes wintering at Poyang Lake,China during 2011—2012[J]. Chinese Birds,2012,3(3):180-190.
[48] XIA S X,YU D K,CUI P,et al. Suitable-habitat dynamics for wintering geese in China's largest freshwater lake[J]. Global Ecology and Conservation,2021,27:2-7.
[49] 王晨溪,夏少霞,余定坤,等.鄱阳湖越冬雁类时空分布特征及热点区域识别 [J].湖泊科学,2024,36(3): 836-845.
[50] SUN C Z,KÖNIG H J,UTHES S,et al. Protection effect of overwintering water bird habitat and defining the conservation priority area in Poyang Lake wetland,China[J].

Environmental Research Letters,2020,15(12):125013.

[51] WANG Y Y,JIA Y F,GUAN L,et al. Optimising hydrological conditions to sustain wintering waterbird populations in Poyang Lake National Natural Reserve: implications for dam operations[J]. Freshwater Biology,2013,58(11):2366-2379.

[52] 曾少龙. 基于 EFDC 模型的鄱阳湖水位与湖面面积关系分析[D]. 南昌:江西师范大学,2018.

[53] 张全军,于秀波,钱建鑫,等. 鄱阳湖南矶湿地优势植物群落及土壤有机质和营养元素分布特征[J]. 生态学报,2012,32(12):3656-3669.

[54] 胡振鹏,葛刚,刘成林,等. 鄱阳湖湿地植物生态系统结构及湖水位对其影响研究[J]. 长江流域资源与环境,2010,19(6):597-605.

[55] 饶滴滴,于秀波,李鹏,等. 鄱阳湖碟形湖泊(常湖池)春季苔草生物量遥感估算[J]. 自然资源学报,2019,34(9):2001-2011.

[56] 孟竹剑,夏少霞,于秀波,等. 鄱阳湖越冬雁类食源植被适宜取食时间窗口[J]. 生态学报,2018,38(21):7539-7548.

[57] 胡振鹏,张祖芳,刘以珍,等. 碟形湖在鄱阳湖湿地生态系统的作用和意义[J]. 江西水利科技,2015,41(5):317-323.

[58] 张起明,齐述华,胡梅."堑秋湖"对鄱阳湖湿地越冬候鸟栖息功能的积极作用评价[J]. 江西科学,2018,36(2):250-255.

[59] 邵明勤,陈斌,蒋剑虹. 鄱阳湖越冬雁鸭类的种群动态与时空分布[J]. 四川动物,2016,35(3):460-465.

[60] 刘鹏,孙志勇,刘俊,等. 鄱阳湖鸟类研究现状与保护对策[J]. 野生动物学报,2017,38(4):675-681.

[61] BARZEN J,ENGELS M,BURNHAM J,et al. Potential impacts of a water control structure on the abundance and distribution of wintering waterbirds at Poyang Lake[R]. Unpublished report submitted to Hydro-Ecology Institute of the Yangtze Water Resources Commission Baraboo,Wisconsin: International Crane Foundation,2009.

第2章　湿地植食性水鸟栖息地研究现状

水鸟对栖息地选择是一个决策过程，这一过程不仅涉及栖息地适宜性，水鸟在获取栖息地时的成本和收益也不同[1]。水鸟的习性及生理结构决定了其对栖息地的选择性[2,3]。水鸟在生境选择上表现出“生态隔离”，即不同种类的水鸟在湿地中的分布具有其特定的“生态位”，这是对湿地环境长期适应的结果[4]。雁类以食草为主，喜欢在湿地中的泥滩、草滩和浅水中觅食和休息[5]。雁类“生态位”受到多种因素的影响，鄱阳湖季节性的水位波动形成的高生产力环境为雁类塑造了适宜的栖息地，水位高低会影响栖息地的可达性，是栖息地选择的重要因子[6]。食物资源决定了食物的可获取性，也是影响栖息地选择的关键因素[7]。出于安全性和隐蔽性的考虑，水鸟更喜欢分布在远离道路、居民点等人为干扰因素的环境中[8]。另外，水鸟对于栖息地在一定范围内的变化也是具有适应性的，而在缺乏适宜栖息地的环境中表现为适应性的提高[9,10]。我们需要明确认识到这些现象如何影响水鸟的选择以及选择的后果，从深层面研究植食性水鸟种群特征和栖息地分布的规律，能够为物种保护制定合理的保护对策，为生态修复提供重要依据。

2.1　湿地水文与植食性水鸟栖息地

2.1.1　湿地水文及植食性水鸟栖息地的主要研究方法

依赖湿地生存的雁类，其分布受湿地水文要素的影响[11]。分析水文条件和雁类分布的关系，对理解湿地生态系统的结构和功能具有重要意义。在湿地生态系统中，水文节律是指水量的季节性差异，对湿地而言，指其淹水时间长短与水位的变化[12]。水位波动是积水量变化的重要标志，是湿地生态系统中最重要的环境因素，一般用水深、淹没时长、水位波动频率等因素来描述[13]。

湿地的水文节律往往具有周期性变化，大型洪泛平原湿地往往依赖周期性的水位变化维持生态系统结构和功能[14]。洪泛湿地是生物多样性研究的热点区域，尤其是为迁徙水鸟提供了越冬地和停歇地[15]。此外，洪泛湿地独特的水文节律特征，是湿地生态系统结构和功能的驱动因素[8,16,17]，这对依赖湿地生态系统的动物和植物至关重要[18,19]。

水文节律，如水位、水深、淹水时间是影响水鸟对湿地利用的一个重要因素[6,20]。受水鸟自身形态特征的限制，不同类群的水鸟对水深的需求不同[21]，此外，水文节律通过改变越冬水鸟食物资源分布和栖息地特征来影响湿地水鸟。淹没频率、淹没面积和水深等水文状况会影响植被分布、植被覆盖率、生物量、生境异质性，进而影响草食雁类的栖息地质量和食物资源[22-24]。总的来说，水文节律及水位的时空格局的动态变化创造了多样的水鸟栖息地，从而支持更高的鸟类丰富度[25]。

以往关于水文过程对越冬水鸟影响的研究主要集中在鄱阳湖的越冬季，即10月至次年3月。但是事实上，鄱阳湖的丰水季（4～10月）的水文过程同样影响越冬期鄱阳湖湿地生态系统的结构，包括植物的分布、数量及生物量，决定了越冬季植食性水鸟的食物数量和质量[26]。鄱阳湖丰水期的水文特征为水鸟栖息地带来的持续影响效应，也是评价栖息地适宜性的重要影响因素。因此，持续淹水时长、淹水频率和淹没水深是研究越冬水鸟及其栖息地的重要水位指标。

为了促进洪泛湿地的合理利用和保护其生物多样性，定量化表征水文要素对植食性水鸟栖息地分布变化的影响至关重要[23,27]。但是由于缺乏大规模流域观测数据，湿地水文特征的空间变化的精准观测变得十分困难。研究中表征水文变化常用的数据和方法有：水文站点数据[6,28,29]、二维水动力模型[30,31]以及基于遥感数据提取水体分布信息[32,33]等方法。

（1）水文站点数据

水文站点数据被广泛应用于水鸟栖息地的研究，尤其是水位变化对水鸟的影响[34]。水文站点可以提供水位、水温、流量、悬移质输沙率、悬移质颗粒级配、床沙、降水量、蒸发量等数据。水文站点表征水位变化优势见表2-1。

表2-1　水文站点表征水位变化优势

数据特点	具体优势
时间分辨率高	水文站点可以提供分钟级甚至秒级的水位数据，这对于及时捕捉水位变化至关重要
数据质量可靠	水文站点通常由专业人员进行维护，使用标准化的仪器和方法进行观测，保证了数据的准确性和可靠性
适应性强	水文站点可以根据不同的水文地质条件、不同的监测需求，选择不同的监测设备和监测方法
便于管理	水文站点通常具有规范的管理体系，便于进行数据收集、处理、分析和存储

水文站点数据的这些优势，可以有效提高我国水资源的综合管理能力，保证水安全，促进经济社会的可持续发展。但是水文站点数据也存在一定的局限性：水文站点通常只能反映其所在位置的水文情况，对于站点之间的区域，其数据覆盖可能不够精确。这可能导致对整个流域或区域水文状况的误差。水文站点的数据质量受多种因素影响，如设备故障、维护不当、人为误差等，这些都可能影响数据的准确性。建立和维护水文站点需要大量资金和人力资源，在一些偏远或经济不发达地区，可能存在资金不足和人力资源缺乏的问题。极端天气事件（如洪水、干旱），可能导致水文站点设备损坏或数据丢失，影响数据的连续性和完整性。现有的监测技术和设备可能无法捕捉所有类型的水文事件，如快速变化的洪水

过程或小规模的降雨事件。气候变化和土地利用变化等环境因素可能影响水文站点的代表性，使历史数据与当前情况不完全一致。在一些地区，由于通信基础设施的限制，水文数据的实时传输和共享可能存在困难。同时数据访问可能受到政策的约束，数据的可用性和共享性受到限制。

(2) 二维水动力模型

二维水动力模型通过数学方程描述流体在水平方向上的运动和分布，能够模拟水流的流速、流向、水位等关键参数。这类模型通常基于Navier-Stokes方程的简化形式，结合流体连续性方程和动量守恒原理，来模拟复杂的水流运动。在湿地季节性淹没区的模拟中，二维水动力模型被广泛使用。例如，在曾少龙和谷娟等的研究中，二维水动力模型被用来模拟湿地水位的季节性变化，以及这些变化对湿地生态系统的影响[30,35]。在众多二维水动力模型中，MIKE(DHI公司开发的水环境模拟软件)和EFDC(环境流体动力学代码)模型是两个经常被使用的模型[31,36]。

MIKE模型提供了直观且易于操作的用户界面，使得非专业用户也能较快上手。其图形用户界面(GUI)允许用户通过拖放操作来建立模型、定义参数和运行模拟，大大降低了使用门槛。MIKE 21是MIKE系列中用于二维水动力模拟的软件，它能够模拟河流、湖泊、水库、海岸带等水体的水流、水质和沉积物运动。MIKE模型被广泛应用于城市规划、洪水管理、环境影响评估、水资源规划和管理等领域。EFDC是一个开源的、基于物理的数值模型，用户可以根据自己的需求修改和优化模型，对于学术研究和特定项目应用非常有利。EFDC模型具有高度的可定制性，用户可以根据研究目标和水体的特定条件，调整模型的结构和参数，以获得更精确的模拟结果。MIKE和EFDC模型各有优势，两者的结合使用可以为水资源管理和环境模拟提供更为全面和精确的解决方案。

水文模型模拟过程中，地形数据和水文站点数据是不可或缺的输入参数。地形数据通常包括高程、坡度、坡向等，而水文站点数据则提供了水位、流量等实时监测信息。洪泛湿地的周期性水文节律导致湖内微地形持续变化。在季节性淹没过程中，湿地的地形特征会随着水位的涨落而发生变化，这些变化对水动力模型的模拟结果有显著影响。特别是在鄱阳湖地区，胡振鹏等的研究指出，在枯水期，子湖与主湖区脱离，鄱阳湖百余个子湖的水位均不相同，且普遍高于主湖水位[37]。这种复杂的水位分布情况对水动力模型的精确模拟提出了挑战。由于缺乏子湖水位数据，二维水动力模型在模拟子湖区的水文过程时存在精度不高的问题。这种数据的不完整性限制了模型对湿地淹没范围和淹没深度的准确预测，进而导致子湖区域水文水动力过程作用于湿地的影响机制理解受限[38,39]。

(3) 基于遥感数据提取水体分布信息

遥感提取技术，作为研究湿地季节性淹没区范围的重要方法之一，已经得到了广泛的应用和研究[35]。随着近地面遥感技术的不断发展，对于洪泛湿地淹没频率和淹没时长的研究有了新的视角和方法。基于遥感影像，结合水位数据、数字高程模型(DEM)等多种数据源，对洲滩淹露状态进行时空模拟[40]。

Landsat、哨兵系列等遥感影像的使用，为湿地季节性淹没区的研究提供了更高精度的地表观测数据[24,41,42]。遥感数据作为地面实际观测数据，有效地弥补了由于缺乏子湖水位数据而导致的越冬季子湖模拟不准确的问题，使得研究者能够从宏观角度把握湿地淹没的整体情况。但是基于遥感提取水体的方法在应用过程中也存在一定的不足，由于水文变化导致的湿地淹没范围的时空格局具有高度动态性，现有的提取湿地淹没动态方法主要基于特定时间的中、高分辨率遥感卫星图像信息提取[43]。这种方法依赖于特定时间点，可能无法捕捉到湿地淹没的完整过程，尤其是在淹没和退水速度较快的情况下。多光谱遥感数据在使用过程中会受到云和云影的遮蔽影响，导致数据不足和缺失，难以满足对快速变化的湿地淹没情况进行监测的频度、尺度要求。云和云影覆盖问题在湿润地区尤为显著，限制了遥感技术在湿地研究中的应用效果。遥感数据的获取和处理通常需要一定的时间，这对于需要实时或近实时数据支持的水文模型来说，是一个不小的挑战。

此外，遥感数据在用于模型参数修正和验证时，也存在一定的局限性。由于遥感数据的空间分辨率和时间分辨率可能不足以精确反映湿地淹没的细微变化，因此在模型参数的精确调整和验证方面，遥感数据可能无法提供足够的信息支持。学者对上述问题进行了探索研究。通过在每个季节选取一期具有代表性的遥感影像，并采用多种机器学习分类方法进行分析，多季节影像的组合能够显著提高分类精度，特别是春季和夏季组合能够得到最优的分类效果，提高湿地影像提取信息的可靠性[44]。

雷达数据具有不受天气和光照影响的特性，在水文研究中具有独特的优势。与光学遥感技术相比，雷达数据能够穿透云层，因此在阴雨天气或夜间等恶劣条件下仍能获取高质量的数据。这种特性使得雷达数据在洪泛湿地淹没频率和淹没时长研究中具有重要的应用价值。随着 Sentinel-1 卫星的发射和其产品的免费使用，雷达数据在水文研究中的应用得到了极大的拓展。Sentinel-1 卫星由欧洲空间局(ESA)开发，其数据产品具有高时间分辨率(6 天，Sentinel 1A 和-1B)和高空间分辨率(10 m)，为洪泛湿地淹没频率和淹没时长研究提供了新的数据源。这些高时间分辨率的数据可以捕捉到洪泛湿地淹没过程的快速变化，而高空间分辨率的数据则可以更准确地描绘湿地地表特征。

雷达数据面临的一个主要挑战是因其数据量大导致的计算成本高。雷达数据具有较高的时间分辨率和空间分辨率，因此处理和分析这些数据需要强大的计算资源。Google Earth Engine(GEE)云平台为大规模遥感数据分析和计算提供了新的计算平台。GEE 提供了一个在线界面，能够处理和分析大量的遥感数据，用户可以在这个界面上编写代码，使用各种遥感数据集，不受本地计算资源的限制。GEE 的出现使雷达数据在水文研究中的应用更加广泛和高效。

2.1.2 湿地水文变化对植食性水鸟栖息地的影响

在湿地生态系统中，水文条件是影响水鸟栖息地变化最重要的主导因素，控制着湿地植被的生长进程和栖息地价值[14]。地形和水文变异性的相互作用，创造了复杂多样的生境[45]，形成了时空维度上高度异质的湿地景观，为水鸟塑造了在湿地觅食和栖息的基本条件。与长期淹水的湖泊、河流相比，水文节律为洪泛湿地上的生物创造了多样化的栖息地[10]。洪泛湿地的物种丰富度和丰度往往高于长期淹水的湖泊和河流，因为湖泊和河流的水流状况和水文的时空格局相对简单[46]。在洪泛区域的末端，水文变化频率降低，淹水时长变短，导致物种丰富度和丰度下降，生产力降低[47,48]。在这里，淹水时长较短可能不足以为生物提供栖息地，并且对于许多水鸟而言，不足以完成它们的生存和繁殖周期。水位波动作为自然湿地的动态属性，是生态系统健康的重要组成部分，改变水体的自然流动和季节性变化，会导致依赖湿地生存的生物群落结构改变，对生态系统的稳定性造成影响[6,49]。

极端的干旱和洪水是特别重要的干扰因素[50]。在洪泛湿地的枯水年份，降雨量少且随机性很高，水文变异性可能最大[46]。水鸟栖息地的质量也不是固定不变的，随着周围环境的变化不断发生改变[9]。水鸟种群能够快速感知栖息地环境变化而躲避风险。

研究认为，鄱阳湖和洞庭湖的严重干旱与这些变化有很大关系[51,52]。近年来，鄱阳湖水位变化异常，连续多年出现历史罕见低水位[53]。湖区枯水季的提前、延长和枯水位的降低，长期淹水水面面积进一步下降[48]。2003—2011 年鄱阳湖连续出现低枯水位，湖区部分水文站甚至出现历史同期最枯水位[54]。水位下降，湖水面积缩小，导致人类活动影响范围扩大，水鸟可栖息的空间变小、隐蔽性降低，定置网捕鱼泛滥等，对湿地生态系统良性循环造成一定的影响[55]。

与干旱相比，洪水对湿地带来的扰动却很少受到关注，但也同样至关重要[56]。强烈洪水会对洪泛湿地生产力造成巨大的干扰，扩大湿地淹没范围、增加湿地的淹没时长[57]。尤其是极端洪水年份会产生非常显著的负面效应[58]。如，植食性水鸟由于形态特征和觅食需求，不会到深水区域觅食或停留。极端洪水会使退水时间延后，导致水鸟的生存空间被压缩，最终对种群数量和丰度造成负面影响[59]。水鸟会对这种极端水文变化做出反应，迫使它们寻找替代栖息地，迁移至未淹水地区[59,60]。因此，有学者猜测在洪水泛滥期间，水鸟将离开已经淹没的栖息地，迁移到人工湿地中觅食，如水田和藕塘。当然人工湿地由于临近道路和居民点，作为水鸟栖息地易受人类活动影响，在非洪水年，水鸟不会选择这种栖息地。总之，这可能意味着人工湿地在极端水文年充当了水鸟的避难所。

水文要素的变化会对洪泛湿地造成重大影响，尤其是由极端水文导致的水鸟栖息地质量的降低。然而，对鄱阳湖的水文-植被-栖息地等要素之间的关系的模拟耦合技术还不成熟，无法定量评估水文要素改变导致的湿地生态功能变化和对水鸟栖息地的影响。

2.2　湿地植被与植食性水鸟栖息地

植被是湿地生态系统的重要组分，也是湿地生态系统初级生产力的主要来源，对湿地生态系统结构及功能的维持具有重要意义[61]。湿地植物的分布和生物量直接受湿地水文过程的影响[62]。在水位波动区域水生植物物种的多样性较高，而且水位变化幅度无论过大或过小都会直接影响水生植物的群落结构多样性和物种多样性[63]。此外，平均低水位持续时间、水位变化速度等因素也会影响湿地植物的生物量、丰富度和盖度等特征，继而会对植食性水鸟潜在食物资源的丰富度及分布产生影响[28]。

洲滩淹没动态是影响湿地植被格局形成的关键控制因子[64]，将改变洲滩土壤基质的特征，影响植被萌发[65]以及植被间的竞争关系[66]，导致不同湿地植被类型结构、分布面积和格局的改变。同时，水位及淹水时间的变化，还会影响植被的生长过程[23]，对初级生产力产生影响。

在越冬地，水鸟通过食物摄入满足越冬的能量需求，栖息地的食物资源直接决定着水鸟的分布和丰富度[67,68]。食物资源的空间分配在决定动物群落结构中起着非常重要的作用[69,70]。越冬期食物资源的可获得性会影响到水鸟个体的身体机能、迁徙节律以及后续的个体繁殖成功率，并对整个种群的生存和发展产生影响[71]。雁类对取食植被具有高度的选择性，这种选择主要受植被类型、生长阶段、食物适口性、草滩总生物量以及植被结构的空间异质性的影响[72,73]。

莎草科植被苔草是长江中下游植食性雁类的主要食物资源[74]。随着植被生长及生物量逐渐增加，其纤维和木质素含量也随之增加，可消化能量的含量反而降低[75]。已经成熟或进入衰老阶段的植被，鸟类难以取食、咀嚼和吞咽。因此，植食性雁类更喜欢取食鲜绿程度高、高度在 120～220 mm 之间的低矮嫩草[17]。这些植被生物量较低，低纤维高蛋白[76]，处于早期生长阶段，可以为植食性雁类提供最高的营养吸收率[75,77]。植食性水鸟在植被与质量之间取得平衡，以最大程度地摄取养分。基于植被生长过程获取适宜取食植被的特征是提取适宜栖息地的重要环节[78]。因此，准确测量食物的供应量对于湿地管理和水禽保护至关重要。

根据早期生长阶段植被分布特征和雁类自身形态限制，雁类主要分布在泥滩和草滩交界处[79,80]。除此之外，农田和道路等人类活动频繁地区对水鸟也会造成干扰，出于安全性和隐蔽性考虑，水鸟更喜欢分布在远离道路和居民点等人为干扰因素少的环境中[81,82]。

目前对湿地植物的生长监测主要采用野外调查、原位监测[83]及控制试验[23]等。野外调查依赖人工监测，并且耗时、耗力，监测频率较低，人工记录也会存在一定的偏差[78]。同时，受样点布设及调查范围的限制，上述方法不适用于大尺度的研究，难以获取区域尺度上高频、精准的植被生长过程监测数据[84]。及时、准确且快速地监测优势植被的长势及物候特征，是开展雁类食物资源评估、进行湿地资源保护利用和科学管理的前提和基础[85,86]。

遥感数据具有分辨率高、波段数目多和数据量大等显著特点，可以实现湿地植被分类、生物量和植被盖度估算等[87]。由于计算简单，并且许多标准产品都是免费的，植被指数广泛用于水鸟栖息地的评估。植被指数可反映植被物候期的特征，其时间序列数据可反映植被物候及生长过程的变化。植被指数还可以识别食物资源随时间和空间的变化特征[29,70]，是建立遥感数据与食物资源关系的桥梁，是雁类食物资源评估的有效手段之一[88]。归一化植被指数（the normalized difference vegetation index，NDVI）和增强植被指数（the enhanced vegetation index，EVI）是最常用的，NDVI 或 EVI 的值越大表示植被的生物量越高，植物发育阶段越成熟[69,89]。植被指数还可用于计算植被的生长速率和衰老速率[90]，估算植被生长期的变化情况[91]。这些指标已经被证明与植食性雁类的丰度及丰富度之间呈正相关[23,29,70]。

为了准确地监测植被分布情况，需要具有相对较高的空间和时间分辨率的遥感影像。例如，MOIDS 数据广泛应用于对植食性雁类觅食地的食物估算[75]，但是 250 m 的空间分辨率难以捕捉水鸟栖息地空间上的精细变化。由欧洲航天局发射的 Sentinel-2A 和 Sentinel-2B 两颗卫星，从可见光、近红外到短波红外，具有不同的空间分辨率，地面分辨率分别为 10 m、20 m 和 60 m。一颗卫星的重访周期为 10 天，两颗互补，重访周期为 5 天，数据全部开源免费，为提升鄱阳湖植食性水鸟适宜栖息地模型精度、捕捉栖息地动态变化提供了高质量数据源。

2.3　人类活动与水鸟栖息地

2.3.1　水资源利用与水利工程

大坝和水库在水利工程中扮演着重要角色，用于调节水流、防洪、发电等。大坝在带来诸多益处的同时，也改变了河流及其周边生态系统的自然状态，尤其是下游湖泊湿地。以长江中下游湿地为例，大坝的建设对湿地水文情势的影响具体表现在以下几个方面：大坝通过蓄水和放水来调节河流流量，导致下游湿地水位波动节律的变化。原本由自然降水和河流径流共同决定的水位周期被人为干预，使得湿地经历的水位变化不再遵循原有的自然规律。对于某些湿地而言，这可能意味着长时间的淹水或干旱，湿地植被的生长和演替受到影响，进而影响整个生态系统的稳定性。大坝拦截水流后，下游河段的流速通常会变慢。流速的降低不仅影响了河流的冲刷和沉积作用，还会改变湿地内部的水文循环。在流速较慢的河段，泥沙更容易沉积，可能导致湿地丧失[92]。

同时，流速的减缓还可能影响湿地中营养物质的分布和循环，湿地生物的生长和繁殖过程可能会发生改变。水库蓄水可能导致水体富营养化，促进藻类和其他水生生物的生长，水体质量发生波动[49]。同时，底部的沉积物也可能在蓄水过程中释放有害物质，进一步恶化水质，而这些变化都会对水鸟的生存环境产生不利影响。水位波动的不规律性和流速的减缓可能会破坏水鸟的觅食和栖息环境，影响水鸟繁殖的成功率[93]。Zhu 在关于东洞庭湖的研究中说明水位波动改变了植被分布，从而影响了水鸟的栖息地适宜性[94]。水质的变化也可能对水鸟的健康造成威胁，如因摄食受污染的水体或食物而中毒或患病导致水鸟数量下降。

水坝和人为过度取水也会导致洪泛湿地的干旱情况，改变了河流及其洪泛平原的自然水文节律状态[95,96]。长江中下游湿地是众多水鸟的重要栖息地，大坝建设导致的水文情势变化给水鸟带来了巨大挑战。例如，在长时间和大范围的空间尺度上，三峡大坝对下游湖泊可能产生不利的生态影响[17]。三峡大坝在秋季蓄水，导致下游秋季水位提前回落。大坝的运行导致水文状况、泥沙输送、水质和植被覆盖都发生了明显的变化，这些变化不可避免地导致湖泊湿地的淹没方式、淹没频率、淹没时长等发生变化。这种水位变化直接影响湿地植被的生长周期，苔草过早开始生长，从而导致水鸟分布的变化[97]。当迁徙水鸟在每年 10 月底完成秋季迁徙到达时，过长的苔草使它们无法找到足够的食物[98]，继而导致其数量减少。三峡大坝的建设和运行改变了长江中下游流域的河-湖生态系统，湖泊水动力减弱，水生植被发育，来水减少，使得湖滨透光带范围扩大，在一定程度上改变了湿地植被的群落结构和分布格局。

2.3.2 人类活动加剧

随着城市化进程的加快，大量湿地被开发用于城市建设，导致水鸟栖息地面积锐减。长江中下游地区约70%的自然湿地因农田开垦、水产养殖、城市扩张以及大坝建设而流失[99]。城市化过程中的基础设施建设，如道路、桥梁、港口等，破坏了湿地的连续性和完整性。这些基础设施建设需要大量的土地和资源，而湿地作为城市发展的潜在土地资源，成为开发的重点。在中国，大约60%的自然湿地损失是由于农业扩张[100]。湿地被开垦为农田，导致水鸟栖息地面积锐减，直接影响了水鸟的生存和繁衍[101]。湿地被开垦为农田后，其生态系统功能丧失，原本具有的调节气候、净化水质、防洪抗旱等多种生态系统服务功能无法得到有效发挥。农田排水、化肥农药的使用等农业活动改变了湿地水文条件[102]，降低了湿地对水鸟的吸引力。水鸟的食物链受到破坏，食物来源减少，影响了水鸟的生存。湿地开垦直接导致原有湿地面积的减少，湿地是许多水鸟的食物来源地，其中包含了丰富的水生生物和植被。在湿地开垦过程中，大量的水生植物和底栖生物被清除，导致水鸟的食物链断裂，水鸟失去了原有的生存和繁殖空间。例如，在“鹬蚌相争”案中，连云港临洪河口滨海湿地因蓝色海湾项目的建设，导致滩涂面积减少，水鸟部分觅食地丧失。湿地开垦还可能导致湿地生态系统的破碎化，使原本连续的湿地被分割成小块，影响水鸟的迁徙和生存[103]。破碎化的湿地生态系统难以维持原有的生物多样性和生态平衡。

狩猎活动在某些地区也是水鸟数量减少的重要因素，尤其是对珍稀濒危物种的影响尤为显著[104]。Navedo通过研究指出狩猎活动对水鸟，特别是鸭类物种的分布有显著影响。在欧洲，大多数迁徙水鸟种群随着环境温度的升高已经向北部地区转移，但被猎杀的鸭子种群却没有这种转移。这种情况可以表明狩猎活动可能影响了水鸟的分布和种群动态[105]。Liang等评估了中国野生动物非法狩猎的情况，研究发现大约21%的物种受到了非法狩猎的影响，其中包括许多受威胁的物种，并突出强调了非法狩猎对生物多样性的严重影响，尤其是在鸟类等类群中[106]。狩猎活动对水鸟的栖息环境也造成伤害，使得原本就脆弱的生态系统进一步恶化。珍稀濒危水鸟由于种群数量较少，对狩猎的承受能力较弱。这些物种在遭受狩猎压力后，往往面临更快的衰退速度，甚至有可能走向灭绝。此外，狩猎活动往往具有选择性，猎人们更倾向于捕猎体型较大或羽毛鲜艳的鸟类，这进一步加剧了某些物种的生存危机[107]。值得说明的是，狩猎活动还可能引发一系列连锁反应。水鸟在湿地生态系统中扮演着重要角色，如控制昆虫数量、传播植物种子等。水鸟数量的减少，不仅影响了生态平衡，还可能对其他依赖水鸟的物种造成负面影响。

非法捕捞行为对水生生态系统的破坏力不容小觑，它不仅破坏了水生生物种群的自然结构，还威胁着水鸟的食物链[106]。未经许可的捕捞活动往往采用非法手段，对水生生物进行无差别捕捞，导致生态系统中关键物种的数量急剧减少。水生生物种群结构的破坏，意味着水鸟赖以生存的食物资源变得稀缺。长期的食物不足可能导致水鸟体重下降、繁殖率降低，甚至生存率下降。非法捕捞还可能破坏水鸟的栖息地，因为捕捞活动往往伴随着对湿地生境的破坏，如水草破坏、水质污染等。水生生物的生存受到影响，水鸟的栖息和繁殖场所质量则会随之下降。为解决非法捕捞带来的负面影响，我国相继出台了“长江大保护”“十年禁渔”等生态修复法律法规，相关措施对湿地生态系统带来的影响仍有待评估。

2.4 气候变化与水鸟栖息地

2.4.1 全球气候变化

全球气温呈现出波动上升的趋势，虽然每年的温度有所差异，但整体上呈现上升趋势。尤其是21世纪以来，全球气温上升速度加快，2016年至2020年期间，全球平均气温连续创下新高。在过去20年中，全球极端气候事件频发，如2020年中国长江中下游地区的严重洪水灾害以及2022年的极端干旱事件。这些极端气候事件导致了巨大损失，对自然生态系统造成了长远的影响。根据美国海洋大气管理局（NOAA）的数据，自1993年以来，全球海平面上升的速率平均每年为3.1 mm。2018年全球平均海平面比1993年的平均值高出了81 mm，这一趋势较上世纪显著加剧。这种持续的海平面上升对全球陆地生态系统地区构成了严重威胁，对经济发展和生态系统稳定性产生负面影响。

全球冰川和冰盖的加速融化已经成为一个不容忽视的环境问题，其中以北极海冰面积的显著减少最引人关注。这一现象改变了地球的能量平衡，影响了全球气候系统的多个方面，包括海洋环流、大气环流以及生物地球化学循环[108]，增加了极端气候事件的发生频率和强度，全球水循环受到影响。与此同时，大气中温室气体的浓度持续上升，其中二氧化碳（CO_2）和甲烷（CH_4）的浓度已经达到了有记录以来的最高水平。气候变暖进一步推动了冰川和冰盖的融化，形成了一种反馈循环，全球气候系统面临的风险不断上升。

气候变化还导致了一系列的环境和人类社会问题，如干旱、洪水、农业生产力下降、疾病传播加剧等。对于长江中下游地区的湿地而言，全球变暖带来的影响尤为显著。长江中下游地区湿地是全球重要的水鸟栖息地之一，但气温升高、降水分布不均等因素正对该区域的生态系统构成威胁。夏季降水量增加和冬季降水量减少的趋势，对水鸟的栖息和觅食构成了挑战。

我国长江中下游地区受气候的影响体现在冬季平均气温明显上升。长江中下游地区年降水量总体呈上升趋势，但降水分布不均，夏季降水量增多，冬季降水量减少[109,110]。据统计，从20世纪90年代至2019年，长江中下游地区的平均气温上升了约0.2 ℃。这种季节性降水量的变化，加剧了水资源的季节性短缺和洪涝灾害的风险，生态系统平衡和区域水循环可能会随之发生改变。气候变化影响了长江中下游水生生物的生长和繁殖，导致水鸟食物资源减少，水鸟栖息环境条件恶化，部分水鸟种群数量下降。水域面积缩小，湿地、湖泊之间的连通性下降，部分水鸟难以找到合适的栖息地。

2.4.2 气候变化对长江中下游的影响

"厄尔尼诺-南方涛动"(El Niño-southern oscillation,简称 ENSO),是一种复杂的气候系统现象,它涉及太平洋赤道区域的海气相互作用。这个循环包括厄尔尼诺现象的暖相位、与其相反的拉尼娜现象(冷相位)以及中性的气候状态[111]。厄尔尼诺现象是一种自然发生的气候模式,它主要表现为太平洋赤道中东部的海水表面温度异常升高。拉尼娜现象则表现为太平洋赤道中东部的海水表面温度异常降低。这种现象通常每隔几年发生一次,但其发生的频率和强度各不相同,有时甚至会出现连续几年的厄尔尼诺事件或间隔较长时间才发生一次。海水温度的变化会影响大气环流,导致全球范围内的气候模式发生变化,包括降水、温度和风暴路径的异常。在全球变暖的背景下,ENSO 发生的频率显著上升[112],进而对全球的生态系统产生了显著影响。

ENSO 会导致全球降水模式的改变[113],具体表现为降水量的增加和降水极端性的增强。研究表明,人类活动导致的全球变暖是造成这些变化的主要原因[114]。全球变暖导致更多的水蒸气被大气容纳,大气中水汽含量上升,从而增加了降水的可能性。除了总降水量的增加,降水极端性的增强也呈现出一个明显的趋势[115]。这意味着极端降水事件(如暴雨、洪水)的频率和强度都在增加。这一现象在许多地区都有发生。全球范围内降水模式的变化是一个复杂且多方面的问题,它涉及气候系统的多个组成部分和多种时间尺度。

有研究者利用区域气候模型 RegCM4.5 及全球气候模型 CMIP5,研究了全球变暖下中国 21 世纪极端降水变化。通过研究分析发现,随着未来温度升高,21 世纪末期温度每升高 1 ℃,极端降水增加幅度比 21 世纪中期的增加幅度更大,即 21 世纪末期可能面临更为严峻的极端降水事件[116]。这要求全球社会采取措施适应这些变化,同时努力减少温室气体排放,以减缓未来气候变化的严重程度。

在中国,尤其是长江中下游地区,降水量和极端降水事件的变化趋势与全球模式相呼应。从 20 世纪 80 至 90 年代,中国年降水量总体偏多[117],而进入 21 世纪最初十年,降水量则呈现出总体偏少的现象。然而自 2012 年以来,降水量从偏少改变为持续偏多。这一系列变化不仅反映了区域气候系统的复杂性,也凸显了全球气候变化对局部地区的影响。极端降水事件对湿地生态系统的影响更为严重,可能导致湿地水位剧烈波动、水质恶化等问题。降雨量的增加使得长江中下游地区湿地面积有所扩大,但极端降水事件可能导致湿地短期内水位急剧上升,淹没周边植被,影响湿地生态系统的稳定性。例如 2016 年长江中下游地区发生严重洪涝灾害,大量湿地被淹没,湿地生态系统受损。极端降水事件可能导致湿地水质恶化,大量降水将地表污染物冲刷进入湿地、湿地水位上升,使得底泥中的污染物释放出来,影响水质[118]。

2015—2016 年的强厄尔尼诺事件导致长江中下游地区如上海、安徽、湖南、湖北和江西的部分地区降水量显著增加,引发了严重的洪涝[119]。在厄尔尼诺年份,可能会出现比平常更温暖的冬季[120]。如长江中下游地区的冬季在厄尔尼诺年份气温会比正常年份高出 1～2 ℃。1997—1998 年的厄尔尼诺事件期间,长江中下游地区经历了极端的暴雨和洪水,造成了严重的灾害。降水和气温的变化会直接影响长江中下游地区的生态系统,包括湿地、湖泊和河流。这些变化可能会影响水生生物的生存和繁殖，进而影响整个生态系统。

在 2015—2016 年的强厄尔尼诺事件期间，湖南省的洞庭湖湿地经历了显著的降水量增加和气温升高。这一气候变化使洞庭湖水位上升，湖水面积增大[121]，湿地生态环境受到威胁。洞庭湖是众多候鸟的重要栖息地，水位的变化和食物链的破坏影响了候鸟的觅食和栖息，进而影响了整个湿地生态系统的平衡。同时受到影响的还有鄱阳湖，在 2015—2016 年的强厄尔尼诺事件中，鄱阳湖作为中国最大的淡水湖，水位发生明显上升以及水质恶化的情况。水位持续上升导致湖区的浅滩湿地面积缩减，水草和浮游生物的分布受到影响，对于依赖这些资源为食的鱼类和底栖生物来说是一场灾难。此外，鄱阳湖是成千上万只候鸟的重要越冬地，这些候鸟包括全球濒危的白鹤、东方白鹳等珍稀物种。水位的变化直接减少了水鸟的觅食和栖息地，原本在浅水区觅食的涉禽和游泳鸟类的食物来源变得稀缺，这迫使它们改变迁徙路线，寻找其他地区的食物资源[122]。湿地生态系统的退化减少了水鸟筑巢和繁殖的机会，影响水鸟种群的稳定性和多样性。

2.5　水鸟适宜栖息地模拟和评估

2.5.1　水鸟调查数据

水鸟作为生态系统的重要组成部分，具有独特的生物学特性，对于维护湿地生态平衡具有重要意义。随着全球气候变化和人类活动的不断加剧，水鸟栖息地受到严重威胁，水鸟种群数量和分布发生了明显变化[123]。为了保护水鸟及其栖息地，我国政府及相关部门积极开展水鸟调查工作，积累丰富了水鸟调查数据和相关经验。水鸟调查主要采用样线法、样点法、遥感技术等手段。

样线法，作为一种生态学调查方法，其核心在于在预先设定的调查区域内，沿着特定的路线进行系统性的观察和记录[124]。这种方法特别适用于广阔湿地生态系统中水鸟的种群调查，因为它可以在较大的空间尺度上，通过对路线上的水鸟种类、数量及其生境特征进行记录，从而评估水鸟的分布状况和栖息环境。相比之下，样点法是一种更为聚焦的调查手段，它通过在调查区域内选择若干具有代表性的样点，对这些样点内的水鸟进行细致的观察和记录。这种方法适用于面积较小或水鸟分布较为集中的湿地，能够更精确地获取特定区域内水鸟的详细信息[125]。

遥感技术通过卫星遥感影像来分析和识别水鸟栖息地的空间分布特征及动态变化，能够为实地调查提供宏观的视角和基础数据支持，帮助研究人员在大尺度上理解水鸟栖息地的状况，进而指导样线法和样点法的具体实施，提高调查的效率和准确性。通过将遥感技术与传统的样线法、样点法相结合，可以更全面地评估湿地生态系统中水鸟的生存状况，为湿地保护和管理提供科学依据。

2.5.2　鸟类追踪数据

在研究分析水文要素对雁类栖息地影响过程中，水鸟分布位置和特征作为响应数据至关重要。但是水鸟的活动区域范围大、人类难以到达，野外测量方法具有较大的局限性[126]。在水鸟迁徙和栖息地选择机制的研究中，尽管鸟类调查数据仍被广泛使用，但是水鸟调查耗时耗力、鸟类计数依赖于调查人员的主观判断，调查结果空间分辨率不高，如鄱阳湖的“逢 8 调查”(每月 8 号、18 号和 28 号进行鸟类调查)是以子湖为单位，这些数据无法提供水鸟对栖息地选择的真实跟踪[4]。

GPS 追踪技术使我们能够在长时间、大范围的时空尺度上监测水鸟的迁徙模式，有助于研究水鸟迁徙在栖息地选择的机制方面取得实质性进展[127]。GPS 跟踪技术虽然增加了设备成本，但是人力成本大幅降低，同时也避免了调查者主观判断带来的误差。GPS 数据可以从对少数个体的描述性研究扩展到对于种群特征的分析。当捕捉鸟类安装追踪器时，有关它们的体重和形态等详细信息也可以被记录下来，甚至可以记录其他数据，如海拔、温度、光线(昼夜)、速度等，这些可以作为辅助信息分析鸟类行为。这些数据可以集成到迁移模式的建模中[128]，帮助理解水鸟栖息地选择机制。

鸟类跟踪数据可以与具有不同时空分辨率的遥感数据同步，调查当地的环境条件及其影响，以分析鸟类迁徙模式，并逐渐应用于鸟类种群分布、栖息地类型、扩散和迁徙路径、种群生态等研究领域，对鸟类的活动区[84,129]、觅食地[126]、越冬地均有研究。然而，这种结合鸟类跟踪数据和遥感数据分析鸟类迁徙模式的应用迄今为止仍然较少。

2.5.3 公民科学数据

公民科学，又称公众科学或大众科学，是指普通公众参与科学研究的一种形式。公民科学在许多科学领域中日益被认可，尤其是在环境与生态科学领域，非专业参与者通过贡献数据，有力推动了科学研究的发展[130]。在信息化、网络化、智能化高速发展的今天，公民科学数据作为一种新兴的数据资源，正逐渐成为推动科学研究和社会参与深度融合的重要力量。

公民科学数据是融合了公众参与和科学研究双重特性的数据类型，具体指的是广大非专业人员在投身于各类科学项目和研究活动中，通过系统化的方法所生成、采集、加工、验证以及公开共享的数据集。这些数据涵盖了从自然现象到社会行为的广泛领域[131]。公民科学数据的积累与利用，拓宽了科学研究的视野和数据来源，增强了科研活动的公众透明度和参与度，同时也为科学教育和普及、政策制定、环境保护等领域提供了重要的数据支持和决策依据。

水鸟公民科学数据主要源自公众参与的水鸟观察与记录活动。这些数据覆盖了全球范围内的水鸟分布[132]、迁徙路径[133]和栖息地等信息，数据来源广泛，包括业余观鸟爱好者、自然保护组织和科研机构等。水鸟公民科学数据具有实时更新的特点，能够迅速反映水鸟的分布和迁徙情况，为科学研究提供及时的数据支持[134]。此外，这些数据还涵盖了水鸟的种类、数量、行为和栖息地等多个方面[135]，数据类型丰富，为科学研究提供了全面的信息。

通过对水鸟公民科学数据的深入分析，揭示水鸟的分布范围、迁徙路径和栖息地，为水鸟的保护和管理提供坚实的科学依据。这些数据有助于研究水鸟的种群动态、行为习性和食性等关键信息，加深对水鸟生态需求和适应策略的理解[135]。水鸟公民科学数据在规划水鸟保护区、恢复和保护水鸟栖息地方面发挥着关键作用，为制定科学合理的水鸟保护和管理策略提供了支持[136]。通过对这些数据的分析，研究水鸟对环境变化的响应和适应机制，可以为全球气候变化和环境治理提供重要的科学依据[137]。

2.5.4　水鸟适宜栖息地模拟和评估

近几十年来随着气候变化和人类活动的加剧，自然湿地发生大规模丧失，尤其是位于东亚-澳大利西亚迁徙路线上的湿地发生了巨大变化[138]。位于迁飞路线上的众多水鸟栖息地丧失或生境质量下降，已对迁徙种群造成了严重威胁[139]。如果现存湿地生态系统进一步遭到破坏，水鸟种群将在迁徙过程中失去合适的湿地作为停歇地或越冬地，无法完成迁飞循环而最终灭绝。鄱阳湖水鸟栖息地的类型与质量受水文、植被格局、人类活动等因素的共同影响。通过模拟鄱阳湖水鸟栖息地在水文、植被、人为活动等环境要素作用下的状态和变化趋势，可以揭示水鸟种群和迁徙可能因鄱阳湖水文条件变化和管理而受到的影响。

适宜栖息地模拟和评估通过分析生物对栖息地的需求及与环境因子的时空匹配关系，明确生物栖息地的分布范围与特征。生物对生态环境中的各类环境因子都具有显著的依赖性，一旦这些环境发生改变，会对生物的生长、发育、繁殖等一系列阶段产生影响[140]。在构建适宜栖息地评价指标体系中，环境因子的选取尤为重要，主要有两种类型：即单因子评估及多因子评估[141]。单因子评估是对影响物种选择栖息地关键因子中的某一方面的适宜性评估，如找到环境因子的最适宜阈值[142,143]；多因子评估旨在尽可能涵盖对生物产生影响的环境因子，其适宜性评估体系包括了自然环境和人类干扰两方面[144]。

栖息地模型是开展物种分布及栖息地预测的重要手段之一，是进行物种及栖息地保护的前提和基础。栖息地模型是物种对栖息地偏好的一系列表现，可作为物种栖息地需求的参考[145]。物种与它们的整体环境之间的关系可能导致人们通常以分层的方式以不同的比例观察到不同的空间格局。例如，在大区域和粗的分辨率下观察到的物种分布可能受到气候调节器的控制，而在小区域和高分辨率下观察到的分布更可能是由微观地形变化或生境破碎化导致的。由于模型有助于理解物种的生态位需求和预测物种的潜在分布，栖息地模型的应用可用于量化物种的环境生态位、评估物种入侵和扩散情况、气候分析、土地利用及其他环境变化对物种分布的影响，并支持保护规划和保护区的选址等[146]。

湿地水鸟栖息地适宜性的模拟研究是湿地生态学和保护生物学领域的一个重要研究方向。这些研究旨在了解湿地水鸟对栖息地的选择偏好，以及这些选择如何受到环境因素的影响。通过对湿地水鸟栖息地的适宜性进行模拟，可以更好地预测和管理湿地资源，保护湿地生物多样性。

对湿地水鸟栖息地适宜性的模拟已经开展了大量的研究，所涉及的方法也很多[147]。物种分布模型（species distribution models，SDMs），是选定研究区域，通过该区域中物种的分布信息和与之对应的环境因子信息，通过关联从而得出研究区域物种的分布与环境因子之间的关系，进而估算目标物种分布情况的模型[148]。常用的物种分布模型包括随机森林模型和最大熵模型。随机森林模型由多个决策树组成，通过随机采样和特征选择构建每个树，然后取所有树的预测结果的平均值来进行预测。最大熵模型利用信息理论，将预测的不确定性降到最低，将熵值最大化，从而估计物种的潜在分布。

栖息地适宜性指数(HSI)模型在统计学上将野外观测物种数据与一系列环境变量相关联，用于反映生态位的关键因素。这些因素可能包括气候、地形或土地覆盖等[149]。通过这些变量，HSI 模型可以预测物种分布的空间位置，并生成显示适宜性连续梯度的地图。这种地图与单纯的是/否的模拟结果图层相比，输出传达了更多的信息[150]，它可以显示栖息地适宜性的程度，从而为制定栖息地保护和管理决策提供更有力的支持。结合物种信息与空间环境数据，通过环境适宜性模型生成显示物种分布概率的预测图，做出强有力的保护管理决策。这些模型可视化了哪些区域是湿地水鸟的关键栖息地，从而制定更有效的保护措施。例如，可以针对适宜性较高的区域采取设立保护区、恢复和修复栖息地等措施，以保护湿地水鸟及其生态系统。

HSI 是评估栖息地质量的重要工具，它通过综合考虑多个环境因素来预测水鸟对特定栖息地的偏好[151]。当前，水鸟栖息地适宜性的环境因素的研究多集中在食物、水文、隐蔽条件和人为干扰这四个方面[152]。食物资源是水鸟选择栖息地时最基本的考虑因素，湿地生态系统中的植物和动物资源为水鸟提供了丰富的食物来源，除这些动植物资源外，湿地中的浮游生物和底栖生物也是水鸟可选择的食物[152]。通过利用遥感技术分析植被类型、分布和生长状况，监测湿地中的浮游生物等来评估食物资源的丰富度。水文条件也是影响水鸟栖息地适宜性的关键因素，如水位、流速和水质等[152]。通过遥感数据了解湿地的水位变化趋势，以及水体污染和富营养化情况，为水鸟栖息地的适宜性评估提供科学依据。水鸟在觅食和休息时需要一定的隐蔽环境，以避免天敌的侵害，通过分析植被的覆盖范围和生长密度，研究人员能够确定湿地中是否提供了足够的安全空间以供水鸟栖息[153]。湿地开发、道路建设、居民点扩张等人为干扰活动也可能对水鸟栖息地造成破坏。

国内野生雁类数量下降与自然栖息地的丧失密切相关，以长江中下游地区的鄱阳湖为例，鄱阳湖作为雁类越冬地，每年有数十万只水鸟来此越冬，鄱阳湖以植食性雁鸭类为优势种群[154]，数量最高可达到 10 万只以上[155]。从单一环境因子[75]到多种环境因子[156]与水鸟丰度分析，到多要素复杂栖息地模型的构建[20,151]，均为鄱阳湖水鸟栖息地研究的热点内容，例如，评估鄱阳湖地区鹤类的栖息地适宜性和栖息地破碎化情况[151]，利用 EFDC 模型预测鄱阳湖水利工程对水鸟的影响[157]，水鸟多样性与景观多样性的关系分析[32]。

在模型使用过程中也会有因环境因素选择不合理、与物种分布数据时间上不匹配以及未对物种分布数据进行质量控制导致模拟效果不准确等问题[158]。同时，模型的适用性很大程度取决于生物和环境数据的可获得性，大多依赖土地覆被数据，导致对生物本身的需求刻画不够精细。这些模型往往用于大尺度评估，难以用于精细尺度上的动态变化监测。此外，无论是在理论还是应用中，评估模型的预测能力也是至关重要的。然而，尽管适宜栖息地模型得到了广泛的应用，但是模型的精度评估却相对滞后[159]，主要是缺乏物种实际验证数据和栖息地的实地调查数据，因此，迫切需要可靠的评估方法。

参考文献

[1] JEDLIKOWSKI J,CHIBOWSKI P,KARASEK T,et al. Multi-scale habitat selection in highly territorial bird species:Exploring the contribution of nest,territory and landscape levels to site choice in breeding rallids (Aves:Rallidae)[J]. Acta Oecologica,2016,73:10-20.

[2] CHE X L,ZHANG M,ZHAO Y Y,et al. Phylogenetic and functional structure of wintering waterbird communities associated with ecological differences[J]. Scientific Reports,2018,8(1):1232.

[3] BURGER J,GOCHFELD M. Habitat,population dynamics,and metal levels in colonial waterbirds: a food chain approach [M]. CRC Press,2016.

[4] XIA S X,LIU Y,WANG Y Y,et al. Wintering waterbirds in a large river floodplain: Hydrological connectivity is the key for reconciling development and conservation[J]. Science of the Total Environment,2016,573:645-660.

[5] WANG X,CAO L,FOX A D,et al. Stochastic simulations reveal few green wave surfing populations among spring migrating herbivorous waterfowl[J]. Nature Communications,2019,10(1):2187.

[6] XIA S X,LIU Y,CHEN B,et al. Effect of water level fluctuations on wintering goose abundance in Poyang Lake wetlands of China[J]. Chinese Geographical Science,2017,27(2):248-258.

[7] CHATTERJEE A,ADHIKARI S,PAL S,et al. Foraging guild structure and niche characteristics of waterbirds wintering in selected sub-Himalayan wetlands of India [J]. Ecological Indicators,2020,108:1-10.

[8] CUMMING G S,PAXTON M,KING J,et al. Foraging guild membership explains variation in waterbird responses to the hydrological regime of an arid-region flood-pulse river in Namibia[J]. Freshwater Biology,2012,57(6):1202-1213.

[9] LIU Y H,LU Y,CHEN C,et al. Behavioural responses of the whooper swansCygnus cygnusto human disturbance and their adaptability to the different habitats in the Rongcheng lagoon of China[J]. Ecohydrology,2018,11(7):1-8.

[10] CLAUSEN K K,MADSEN J,COTTAAR F,et al. Highly dynamic wintering strategies in migratory geese:Coping with environmental change[J]. Global Change Biology,2018,24(7):3214-3225.

[11] 关蕾.水文情势变化对洞庭湖雁类食物资源和分布的影响 [D].长沙:中国科学院亚热带农业生态研究所,2018.

[12] LI R N,ZHENG H,LV S Y,et al. Development and evaluation of a new index to as-

sess hydrologic regulating service at sub-watershed scale[J]. Ecological Indicators, 2018,86:9-17.

[13] 刘永,郭怀成,周丰,等. 湖泊水位变动对水生植被的影响机理及其调控方法[J]. 生态学报,2006,26(9):3117-3126.

[14] OPPERMAN J J,LUSTER R,MCKENNEY B A,et al. Ecologically functional floodplains:connectivity,flow regime,and Scale[J]. JAWRA Journal of the American Water Resources Association,2010,46(2):211-226.

[15] AN A,CAO L,JIA Q,et al. Changing abundance and distribution of the wintering swan goose anser cygnoides in the middle and Lower Yangtze River floodplain:an investigation combining a field survey with satellite telemetry[J]. Sustainability,2019, 11(5):1398.

[16] LI C L,LI H F,ZHANG Y,et al. Predicting hydrological impacts of the Yangtze-to-Huaihe Water Diversion Project on habitat availability for wintering waterbirds at Caizi Lake[J]. Journal of Environmental Management,2019,249:2-8.

[17] WANG Y Y,JIA Y F,GUAN L,et al. Optimising hydrological conditions to sustain wintering waterbird populations in Poyang Lake National Natural Reserve:implications for dam operations[J]. Freshwater Biology,2013,58(11):2366-2379.

[18] LEIGH C,DATRY T. Drying as a primary hydrological determinant of biodiversity in river systems:a broad-scale analysis[J]. Ecography,2017,40(4):487-499.

[19] ZHANG P Y,ZOU Y A,XIE Y H,et al. Shifts in distribution of herbivorous geese relative to hydrological variation in East Dongting Lake wetland,China[J]. Science of the Total Environment,2018,636:30-38.

[20] YAO S Y,LI X Y,LIU C L,et al. New assessment indicator of habitat suitability for migratory bird in wetland based on hydrodynamic model and vegetation growth threshold[J]. Ecological Indicators,2020,117:1-7.

[21] COLLAZO J A,O'HARRA D A,KELLY C A. Accessible habitat for shorebirds: factors influencing its availability and conservation implications [J]. Waterbirds, 2002 (25): 13-24.

[22] AHARON-ROTMAN Y,MCEVOY J,ZHENG Z J,et al. Water level affects availability of optimal feeding habitats for threatened migratory waterbirds[J]. Ecology and Evolution,2017,7(23):10440-10450.

[23] GUAN L,WEN L,FENG D D,et al. Delayed flood recession in central Yangtze floodplains can cause significant food shortages for wintering geese:results of inundation experiment[J]. Environmental Management,2014,54(6):1331-1341.

[24] TENG J K, XIA S X, LIU Y, et al. Differences of regulative flexibility between hydrological isolated and connected lakes in a large floodplain:insight from inunda-

tion dynamics and landscape heterogeneity[J]. Water,2020,12(4):15.

[25] SEOANE J,LAIOLO P,OBESO J R. Abundance leads to more species,particularly in complex habitats:a test of the increased population size hypotheses in bird communities[J]. Journal of Biogeography,2017,44(3):556-566.

[26] 胡振鹏,葛刚,刘成林. 越冬候鸟对鄱阳湖水文过程的响应[J]. 自然资源学报,2014,29(10):1770-1779.

[27] LI X Y,SI Y L,JI L Y,et al. Dynamic response of East Asian Greater White-fronted Geese to changes of environment during migration:Use of multi-temporal species distribution model[J]. Ecological Modelling,2017,360:70-79.

[28] FARAGÓ S,HANGYA K. Effects of water level on waterbird abundance and diversity along the middle section of the Danube River[J]. Hydrobiologia,2012,697(1):15-21.

[29] GUAN L,LEI J L,ZUO A J,et al. Optimizing the timing of water level recession for conservation of wintering geese in Dongting Lake,China[J]. Ecological Engineering,2016,88:90-98.

[30] 曾少龙. 基于 EFDC 模型的鄱阳湖水位与湖面面积关系分析[D]. 南昌:江西师范大学,2018.

[31] 熊家庆,赖格英,彭小娟,等. 基于 EFDC 模型对鄱阳湖湖面面积的推算方法[J]. 南京信息工程大学学报(自然科学版),2016,8(1):56-63.

[32] DRONOVA I,BEISSINGER S,BURNHAM J,et al. Landscape-level associations of wintering waterbird diversity and abundance from remotely sensed wetland characteristics of Poyang Lake[J]. Remote Sensing,2016,8(6):462.

[33] WANG Y B,MA J,XIAO X M,et al. Long-term dynamic of Poyang Lake surface water:a mapping work based on the google earth engine cloud platform[J]. Remote Sensing,2019,11(3):313.

[34] 王莹,江红星,陈丽霞,等. 不同水位条件下鄱阳湖越冬白鹤的移动模式与栖息地利用[J]. 林业科学,2023,59(8): 102-111.

[35] 谷娟,秦怡,王鑫,等. 鄱阳湖水体淹没频率变化及其湿地植被的响应[J]. 生态学报,2018,38(21):7718-7726.

[36] WARREN I R,BACH H K. MIKE 21:a modelling system for estuaries,coastal waters and seas[J]. Environmental Software,1992,7(4):229-240.

[37] 胡振鹏,张祖芳,刘以珍,等. 碟形湖在鄱阳湖湿地生态系统的作用和意义[J]. 江西水利科技,2015,41(5):317-323.

[38] PAZ A R,BRAVO J M,ALLASIA D,et al. Large-scale hydrodynamic modeling of a complex river network and floodplains[J]. Journal of Hydrologic Engineering,2010,15(2):152-165.

[39] WEN L, MACDONALD R, MORRISON T, et al. From hydrodynamic to hydrological modelling: investigating long-term hydrological regimes of key wetlands in the Macquarie marshes, a semi-arid lowland floodplain in Australia[J]. Journal of Hydrology, 2013, 500: 45-61.

[40] 夏少霞,于秀波,范娜. 鄱阳湖越冬季候鸟栖息地面积与水位变化的关系[J]. 资源科学,2010,32(11):2072-2078.

[41] PEKEL J F, COTTAM A, GORELICK N, et al. High-resolution mapping of global surface water and its long-term changes[J]. Nature, 2016, 540(7633): 418-422.

[42] ZOU Z H, XIAO X M, DONG J W, et al. Divergent trends of open-surface water body area in the contiguous United States from 1984 to 2016[J]. Proceedings of the National Academy of Sciences of the United States of America, 2018, 115(15): 3810-3815.

[43] JIA M M, WANG Z M, WANG C, et al. A new vegetation index to detect periodically submerged mangrove forest using single-tide sentinel-2 imagery[J]. Remote Sensing, 2019, 11(17): 2043.

[44] 姚杰鹏,杨磊库,陈探,等. 基于 Sentinel-1,2 和 Landsat 8 时序影像的鄱阳湖湿地连续变化监测研究[J]. 遥感技术与应用,2021,36(4):760-776.

[45] WEN L, YANG X H, SAINTILAN N. Local climate determines the NDVI-based primary productivity and flooding creates heterogeneity in semi-arid floodplain ecosystem[J]. Ecological Modelling, 2012, 242: 116-126.

[46] Boulton A, Sheldon F, Thoms M, et al. Problems and constraints in managing rivers with variable flow regimes [J]. Global Perspectives on River Conservation: Science, Policy and Practice, 2000: 441-426.

[47] POFF N L, ALLAN J D, BAIN M B, et al. The natural flow regime[J]. BioScience, 1997, 47(11): 769-784.

[48] LIU Y B, WU G P, ZHAO X S. Recent declines in China's largest freshwater lake: trend or regime shift? [J]. Environmental Research Letters, 2013, 8(1): 1-10.

[49] YUAN S B, YANG Z D, LIU X Q, et al. Water level requirements of a Carex hygrophyte in Yangtze floodplain lakes[J]. Ecological Engineering, 2019, 129: 29-37.

[50] FRIEDMAN J M, LEE V J. Extreme floods, channel change, and riparian forests along ephemeral streams[J]. Ecological Monographs, 2002, 72(3): 409-425.

[51] ZHANG L L, YIN J X, JIANG Y Z, et al. Relationship between the hydrological conditions and the distribution of vegetation communities within the Poyang Lake National Nature Reserve, China[J]. Ecological Informatics, 2012, 11: 65-75.

[52] SUN Z D, HUANG Q, OPP C, et al. Impacts and implications of major changes caused by the Three Gorges Dam in the middle reaches of the Yangtze River, China

[J]. Water Resources Management,2012,26(12):3367-3378.

[53] GUO H,HU Q,ZHANG Q,et al. Effects of the Three Gorges Dam on Yangtze River flow and river interaction with Poyang Lake,China:2003—2008[J]. Journal of Hydrology,2012,416:19-27.

[54] 邴建平. 长江—鄱阳湖江湖关系演变趋势与调控效应研究[D]. 武汉:武汉大学,2018.

[55] JIA Y F,JIAO S W,ZHANG Y M,et al. Diet shift and its impact on foraging behavior of Siberian crane (grus leucogeranus) in Poyang Lake[J]. PLoS One,2013,8(6):1-6.

[56] STANLEY E H,FISHER S G,GRIMM N B. Ecosystem expansion and contraction in streams[J]. BioScience,1997,47(7):427-435.

[57] JUNK W J,BROWN M,CAMPBELL I C,et al. The comparative biodiversity of seven globally important wetlands: a synthesis [J]. Aquatic Sciences, 2006, 68 (3): 400-414.

[58] KAJTOCH Ł,FIGARSKI T. Short-term restoration of riverine bird assemblages after a severe flood[J]. Bird Study,2013,60(3):327-334.

[59] KNUTSON M G. Declines in abundance and species richness of birds following a major flood on the upper Mississippi River[J]. The Auk,1997,114(3):367-380.

[60] BENNETTS R E,KITCHENS W M,DREITZ V J. Influence of an extreme high water event on survival,reproduction,and distribution of Snail Kites in Florida,USA [J]. Wetlands,2002,22(2):366-373.

[61] 唐小平,黄桂林. 中国湿地分类系统的研究[J]. 林业科学研究,2003,16(5):531-539.

[62] BUCAK T,SARAOĞLU E,LEVİ E E,et al. The influence of water level on macrophyte growth and trophic interactions in eutrophic Mediterranean shallow lakes: a mesocosm experiment with and without fish[J]. Freshwater Biology,2012,57(8):1631-1642.

[63] COOPS H,VULINK J T,VAN NES E H. Managed water levels and the expansion of emergent vegetation along a lakeshore[J]. Limnologica,2004,34(1/2):57-64.

[64] DEEGAN B M,WHITE S D,GANF G G. The influence of water level fluctuations on the growth of four emergent macrophyte species[J]. Aquatic Botany,2007,86(4):309-315.

[65] CASANOVA M T,BROCK M A. How do depth,duration and frequency of flooding influence the establishment of wetland plant communities? [J]. Plant Ecology,2000,147(2):237-250.

[66] WEISNER S E B,MIAO S L. Use of morphological variability in Cladium jamaicense and Typha domingensis to understand vegetation changes in an Everglades marsh[J]. Aquatic Botany,2004,78(4):319-335.

[67] RENDÓN M A, GREEN A J, AGUILERA E, et al. Status, distribution and long-term changes in the waterbird community wintering in Doñana, south-west Spain[J]. Biological Conservation, 2008, 141(5): 1371-1388.

[68] KELLER I, KORNER-NIEVERGELT F, JENNI L. Within-winter movements: a common phenomenon in the Common Pochard Aythyaferina[J]. Journal of Ornithology, 2009, 150(2): 483-494.

[69] PEDRANA J, BUSTAMANTE J, RODRÍGUEZ A, et al. Primary productivity and anthropogenic disturbance as determinants of Upland Goose Chloephaga picta distribution in southern Patagonia[J]. Ibis, 2011, 153(3): 517-530.

[70] WU X X, LV M, JIN Z Y, et al. Normalized difference vegetation index dynamic and spatiotemporal distribution of migratory birds in the Poyang Lake wetland, China[J]. Ecological Indicators, 2014, 47: 219-230.

[71] NEWTON I. Population limitation in migrants[J]. Ibis, 2004, 146(2): 197-226.

[72] HAVENS K E. Submerged aquatic vegetation correlations with depth and light attenuating materials in a shallow subtropical lake[J]. Hydrobiologia, 2003, 493(1): 173-186.

[73] YANG M Y, XIA S X, LIU G H, et al. Effect of hydrological variation on vegetation dynamics for wintering waterfowl in China's Poyang Lake Wetland[J]. Global Ecology and Conservation, 2020, 22: 1-6.

[74] FOX A D, LEI C, BARTER M, et al. The functional use of East Dongting Lake, China, by wintering geese [J]. Wildfowl, 2013, 58(58): 3-19.

[75] WEI J, XIN Q C, JI L Y, et al. A new satellite-based indicator to identify spatiotemporal foraging areas for herbivorous waterfowl[J]. Ecological Indicators, 2019, 99: 83-90.

[76] CONG P H, WANG X, CAO L, et al. Within-winter shifts in lesser white-fronted GooseAnser erythropusDistribution at east Dongting Lake, China[J]. Ardea, 2012, 100(1): 5-11.

[77] HEUERMANN N, VAN LANGEVELDE F, VAN WIEREN S E, et al. Increased searching and handling effort in tall swards lead to a Type IV functional response in small grazing herbivores[J]. Oecologia, 2011, 166(3): 659-669.

[78] 孟竹剑，夏少霞，于秀波，等. 鄱阳湖越冬雁类食源植被适宜取食时间窗口[J]. 生态学报，2018，38(21)：7539-7548.

[79] ZHAO M J, CONG P H, BARTER M, et al. The changing abundance and distribution of Greater White-fronted Geese Anser albifrons in the Yangtze River floodplain: Impacts of recent hydrological changes[J]. Bird Conservation International, 2012, 22(2): 135-143.

[80] WANG X,FOX A D,CONG P H,et al. Food constraints explain the restricted distribution of wintering Lesser White-fronted GeeseAnser erythropusin China[J]. Ibis, 2013,155(3):576-592.
[81] SUN C Z,ZHEN L,WANG C,et al. Impacts of ecological restoration and human activities on habitat of overwintering migratory birds in the wetland of Poyang Lake, Jiangxi Province,China[J]. Journal of Mountain Science,2015,12(5):1302-1314.
[82] YUAN Y J,ZENG G M,LIANG J,et al. Effects of landscape structure,habitat and human disturbance on birds:a case study in East Dongting Lake wetland[J]. Ecological Engineering,2014,67:67-75.
[83] WEI X,CAO R,WU X W,et al. Effect of water table decline on the abundances of soil mites,springtails,and nematodes in the Zoige peatland of eastern Tibetan Plateau [J]. Applied Soil Ecology,2018,129:77-83.
[84] AN A,ZHANG Y,CAO L,et al. A potential distribution map of wintering Swan Goose (Anser cygnoides) in the middle and Lower Yangtze River floodplain,China [J]. Avian Research,2018,9:43.
[85] SI Y L,XU Y J,XU F,et al. Spring migration patterns,habitat use,and stopover site protection status for two declining waterfowl species wintering in China as revealed by satellite tracking[J]. Ecology and Evolution,2018,8(12):6280-6289.
[86] SI Y L,SCHLERF M,ZURITA-MILLA R,et al. Mapping spatio-temporal variation of grassland quantity and quality using MERIS data and the PROSAIL model[J]. Remote Sensing of Environment,2012,121:415-425.
[87] 况润元,曾帅,赵哲,等. 基于实测高光谱数据的鄱阳湖湿地植被光谱差异波段提取[J]. 湖泊科学,2017,29(6):1485-1490.
[88] MØLLER A P,RUBOLINI D,LEHIKOINEN E. Populations of migratory bird species that did not show a phenological response to climate change are declining[J]. Proceedings of the National Academy of Sciences of the United States of America, 2008,105(42):16195-16200.
[89] SOMVEILLE M,RODRIGUES A S L,MANICA A. Energy efficiency drives the global seasonal distribution of birds[J]. Nature Ecology & Evolution,2018,2(6): 962-969.
[90] REED B C,BROWN J F,VANDERZEE D,et al. Measuring phenological variability from satellite imagery[J]. Journal of Vegetation Science,1994,5(5):703-714.
[91] PIAO S L,FANG J Y,ZHOU L M,et al. Variations in satellite-derived phenology in China's temperate vegetation[J]. Global Change Biology,2006,12(4):672-685.
[92] GAO Y,CHEN L,ZHANG W,et al. Spatiotemporal variations in characteristic discharge in the Yangtze River downstream of the Three Gorges Dam[J]. Science of the

Total Environment,2021,785:1-10.

[93] MONTGOMERY R A,RAUPP J,MILLER S A,et al. The hunting modes of human predation and potential nonconsumptive effects on animal populations[J]. Biological Conservation,2022,265:1-8.

[94] ZHU Y W,WANG H X,GUO W X. The impacts of water level fluctuations of East Dongting Lake on habitat suitability of migratory birds[J]. Ecological Indicators, 2021,132:2-6.

[95] FENG L,HAN X X,HU C M,et al. Four decades of wetland changes of the largest freshwater lake in China:Possible linkage to the Three Gorges Dam? [J]. Remote Sensing of Environment,2016,176:43-55.

[96] HAN X X,FENG L,HU C M,et al. Wetland changes of China's largest freshwater lake and their linkage with the Three Gorges Dam[J]. Remote Sensing of Environment,2018,204:799-811.

[97] KINGSFORD R T,JENKINS K M,PORTER J L. Imposed hydrological stability on lakes in arid Australia and effects on waterbirds[J]. Ecology,2004,85(9):2478-2492.

[98] 谢永宏,陈心胜. 三峡工程对洞庭湖湿地植被演替的影响 [J]. 农业现代化研究,2008(6): 684-687.

[99] LU D S,ZHENG Y C,LIU X N,et al. Changes in wetland landscape and inundation patterns in the middle and lower reaches of the Yangtze River Basin from 1990 to 2020[J]. Ecological Indicators,2024,161:3-9.

[100] MAO D H,LUO L,WANG Z M,et al. Conversions between natural wetlands and farmland in China:a multiscale geospatial analysis[J]. Science of the Total Environment,2018,634:550-560.

[101] YANG H Y,CHEN B,BARTER M,et al. Impacts of tidal land reclamation in Bohai Bay,China:ongoing losses of critical Yellow Sea waterbird staging and wintering sites[J]. Bird Conservation International,2011,21(3):241-259.

[102] JIANG L,WANG H,WANG S G,et al. Process analysis and mitigation strategies for wetland degradation caused by increasing agricultural water demand:an ecology-economy nexus perspective[J]. Ecological Processes,2023,12(1):40.

[103] QIU J,ZHANG Y X,MA J W. Wetland habitats supporting waterbird diversity: Conservation perspective on biodiversity-ecosystem functioning relationship [J]. Journal of Environmental Management,2024,357:1-6.

[104] WANG W J,FRASER J D,CHEN J K. Wintering waterbirds in the middle and Lower Yangtze River floodplain:changes in abundance and distribution[J]. Bird Conservation International,2017,27(2):167-186.

[105] NAVEDO J G. Habitat management favouring duck hunting seems to prevent shift-

ing distribution due to climate warming: Another avenue for hunting 'greenwashing'? [J]. Animal Conservation, 2024, 27(1): 19-20.
[106] LIANG D, GIAM X, HU S F, et al. Assessing the illegal hunting of native wildlife in China[J]. Nature, 2023, 623(7985): 100-105.
[107] GRZEGORCZYK E, CAIZERGUES A, ERAUD C, et al. Demographic and evolutionary consequences of hunting of wild birds[J]. Biological Reviews, 2024, 99(4): 1298-1313.
[108] GREENE C A, GARDNER A S, WOOD M, et al. Ubiquitous acceleration in Greenland ice sheet calving from 1985 to 2022[J]. Nature, 2024, 625(7995): 523-528.
[109] 叶许春, 许崇育, 张丹, 等. 长江中下游夏季降水变化与亚洲夏季风系统的关系[J]. 地理科学, 2018, 38(7): 1174-1182.
[110] PEI F S, WU C J, QU A X, et al. Changes in extreme precipitation: a case study in the middle and lower reaches of the Yangtze River in China[J]. Water, 2017, 9(12): 943.
[111] TIMMERMANN A, AN S I, KUG J S, et al. El Niño-Southern Oscillation complexity[J]. Nature, 2019, 559(7715): 535-545.
[112] MCPHADEN M J, ZEBIAK S E, GLANTZ M H. ENSO as an integrating concept in earth science[J]. Science, 2006, 314(5806): 1740-1745.
[113] YAN Z X, WU B, LI T, et al. Eastward shift and extension of ENSO-induced tropical precipitation anomalies under global warming[J]. Science Advances, 2020, 6(2): 1-6.
[114] ZHANG W X, FURTADO K, WU P L, et al. Increasing precipitation variability on daily-to-multiyear time scales in a warmer world[J]. Science Advances, 2021, 7(31): 2-7.
[115] ZHANG W X, ZHOU T J, WU P L. Anthropogenic amplification of precipitation variability over the past century[J]. Science, 2024, 385(6707): 427-432.
[116] QIN P H, XIE Z H, ZOU J, et al. Future precipitation extremes in China under climate change and their physical quantification based on a regional climate model and CMIP5 model simulations[J]. Advances in Atmospheric Sciences, 2021, 38(3): 460-479.
[117] 卢珊, 胡泽勇, 王百朋, 等. 近 56 年中国极端降水事件的时空变化格局[J]. 高原气象, 2020, 39(4): 683-693.
[118] VAN VLIET M T H, THORSLUND J, STROKAL M, et al. Global river water quality under climate change and hydroclimatic extremes[J]. Nature Reviews Earth & Environment, 2023, 4: 687-702.
[119] LI C X, TIAN Q H, YU R, et al. Attribution of extreme precipitation in the lower

reaches of the Yangtze River during May 2016[J]. Environmental Research Letters, 2017,13(1):1-6.

[120] 吴迪,张文君,耿新,等. ENSO对中国东部前后冬天气尺度气温变率的不同影响及其可能机制[J]. 气象学报,2023,81(5):717-726.

[121] 郑芳,李芳然,甘义群,等. 极端气候事件对洞庭湖水文连通性变化的影响[J]. 南水北调与水利科技(中英文),2024,22(1):67-79.

[122] LI Y K,QIAN F W,SILBERNAGEL J,et al. Community structure,abundance variation and population trends of waterbirds in relation to water level fluctuation in Poyang Lake[J]. Journal of Great Lakes Research,2019,45(5):976-985.

[123] WANG C,WANG G,DAI L J,et al. Study on the effect of habitat function change on waterbird diversity and guilds in Yancheng coastal wetlands based on structure-function coupling[J]. Ecological Indicators,2021,122:2-9.

[124] 许龙,张正旺,丁长青. 样线法在鸟类数量调查中的运用[J]. 生态学杂志,2003,22(5):127-130.

[125] 吴飞,杨晓君. 样点法在森林鸟类调查中的运用[J]. 生态学杂志,2008,27(12):2240-2244.

[126] SI Y L,XIN Q C,PRINS H H T,et al. Improving the quantification of waterfowl migration with remote sensing and bird tracking[J]. Science Bulletin,2015,60(23):1984-1993.

[127] XU F,SI Y L. The frost wave hypothesis:How the environment drives autumn departure of migratory waterfowl[J]. Ecological Indicators,2019,101:1018-1025.

[128] BAUER S,GIENAPP P,MADSEN J. The relevance of environmental conditions for departure decision changes en route in migrating geese[J]. Ecology,2008,89(7):1953-1960.

[129] CAO L,ZHANG Y,BARTER M,et al. Anatidae in Eastern China during the non-breeding season:Geographical distributions and protection status[J]. Biological Conservation,2010,143(3):650-659.

[130] FRAISL D,HAGER G,BEDESSEM B,et al. Citizen science in environmental and ecological sciences[J]. Nature Reviews Methods Primers,2022,2:64.

[131] FINGER L,VAN DEN BOGAERT V,SCHMIDT L,et al. The science of citizen science:a systematic literature review on educational and scientific outcomes[J]. Frontiers in Education,2023,8:1-6.

[132] 滕佳昆,陈继龙,杨慧,等. 长江中下游湖泊植食性水鸟栖息地适宜性变化研究[J]. 生态学报,2024(20):1-9.

[133] 易春凤,张卫,蒋爱伍. 基于公民科学数据分析环志水鸟迁徙连接:以广西北部湾沿海地区为例[J]. 野生动物学报,2023,44(1):118-124.

[134] 王丞，魏营，张明明，等. 公众科学对中国鸟类物种多样性研究的贡献：基于"鸟网"图库数据计量 [J]. 生态与农村环境学报，2024，40(05)：665-671.
[135] RUTT C L, MILLER E T, BERRYMAN A J, et al. Global gaps in citizen-science data reveal the world's "lost" birds[J]. Frontiers in Ecology and the Environment, 2024, 22(7): 1-6.
[136] CERVANTES F, ALTWEGG R, STROBBE F, et al. BIRDIE: a data pipeline to inform wetland and waterbird conservation at multiple scales[J]. Frontiers in Ecology and Evolution, 2023, 11: 1-7.
[137] BACKSTROM L J, CALLAGHAN C T, LESEBERG N P, et al. Assessing adequacy of citizen science datasets for biodiversity monitoring[J]. Ecology and Evolution, 2024, 14(2): 1-8.
[138] NIU Z G, ZHANG H Y, WANG X W, et al. Mapping wetland changes in China between 1978 and 2008[J]. Chinese Science Bulletin, 2012, 57(22): 2813-2823.
[139] SOMVEILLE M, MANICA A, BUTCHART S H M, et al. Mapping global diversity patterns for migratory birds[J]. PLoS One, 2013, 8(8): 2-10.
[140] RANDIN C F, DIRNBÖCK T, DULLINGER S, et al. Are niche-based species distribution models transferable in space? [J]. Journal of Biogeography, 2006, 33(10): 1689-1703.
[141] PULLIAM H R. On the relationship between niche and distribution[J]. Ecology Letters, 2000, 3(4): 349-361.
[142] TENG J K, XIA S X, LIU Y, et al. Assessing habitat suitability for wintering geese by using Normalized Difference Water Index (NDWI) in a large floodplain wetland, China[J]. Ecological Indicators, 2021, 122: 3-7.
[143] LIU C R, BERRY P M, DAWSON T P, et al. Selecting thresholds of occurrence in the prediction of species distributions[J]. Ecography, 2005, 28(3): 385-393.
[144] HIRZEL A H, LE LAY G. Habitat suitability modelling and niche theory[J]. Journal of Applied Ecology, 2008, 45(5): 1372-1381.
[145] WINTLE B A, ELITH J, POTTS J M. Fauna habitat modelling and mapping: a review and case study in the lower hunter central coast region of NSW[J]. Austral Ecology, 2005, 30(7): 719-738.
[146] GUISAN A, THUILLER W. Predicting species distribution: offering more than simple habitat models[J]. Ecology Letters, 2005, 8(9): 993-1009.
[147] KNUTSON M G, HINES R K, POWELL L A, et al. An assessment of bird habitat quality using population growth RatesFree[J]. The Condor: Ornithological Applications, 2006, 108(2): 301-314.
[148] 许仲林，彭焕华，彭守璋. 物种分布模型的发展及评价方法[J]. 生态学报，2015，35

(2):557-567.

[149] 易雨君,王兆印,陆永军.长江中华鲟栖息地适合度模型研究[J].水科学进展,2007,18(4):538-543.

[150] 曹垒,孟凡娟,赵青山.基于前沿监测技术探讨"大开发"对鸟类迁徙及其栖息地的影响[J].中国科学院院刊,2021,36(4):436-447.

[151] ZHU Z T,HUAI W X,YANG Z H,et al. Assessing habitat suitability and habitat fragmentation for endangered Siberian cranes in Poyang Lake region,China[J]. Ecological Indicators,2021,125:2-9.

[152] MOTT R,PROWSE T A,JACKSON M V,et al. Measuring habitat quality for waterbirds:a review[J]. Ecology and Evolution,2023,13(4):1-10.

[153] 关蕾,靖磊,雷佳琳,等.洞庭湖鸟类资源分布及其栖息地质量评估[J].北京林业大学学报,2016,38(7):64-70.

[154] 邵明勤,陈斌,蒋剑虹.鄱阳湖越冬雁鸭类的种群动态与时空分布[J].四川动物,2016,35(3):460-465.

[155] 刘鹏,孙志勇,刘俊,等.鄱阳湖鸟类研究现状与保护对策[J].野生动物学报,2017,38(4):675-681.

[156] ZHANG S Q,ZHANG P Y,PAN B H,et al. Wetland restoration in the East Dongting Lake effectively increased waterbird diversity by improving habitat quality[J]. Global Ecology and Conservation,2021,27:1-6.

[157] WANG P,LAI G Y,LI L. Predicting the hydrological impacts of the Poyang Lake Project using an EFDC model[J]. Journal of Hydrologic Engineering,2015,20(12):1-7.

[158] STRALBERG D,CAMERON D R,REYNOLDS M D,et al. Identifying habitat conservation priorities and gaps for migratory shorebirds and waterfowl in California[J]. Biodiversity and Conservation,2011,20(1):19-40.

[159] FIELDING A H,BELL J F. A review of methods for the assessment of prediction errors in conservation presence/absence models[J]. Environmental Conservation,1997,24(1):38-49.

第 3 章　湿地水文指标和雁类栖息地的关系

季节性水文变化是洪泛湿地生态系统结构和功能的主要驱动因素[1-4]。水文波动通过影响植被群落生长，最终影响植食性水鸟栖息地的分布模式[5,6]。洪泛湿地丰水期的水文特征会通过改变土壤湿度和洲滩出露的时间来影响枯水期植物的生长过程[7,8]。水文的滞后效应将会影响植食性水鸟的食物资源和质量。干湿持续交替的水文变化可以用淹没时长指数来表征[9-13]。然而，厘清淹没时长如何影响越冬雁类栖息地以及如何量化两者之间的关系仍存在困难。

季节性水文变化频率高、速度快，缺乏高频观测数据将影响湿地生态学中水文空间变化的预测和理解[1,14]。水文站点数据为研究水文动态变化提供了良好的数据源[6]，但单一站点数据难以反映水文时空分布变化[7,15]。卫星遥感数据，如 Sentinel-2，MODIS 以及 Landsat 系列数据，可广泛用于地表水体提取和识别[16,17]。然而，在量化水面淹没范围、持续时间和频率方面这些数据往往受到时间分辨率低和天气条件的影响[18]。与多光谱数据相比，合成孔径雷达(SAR)数据的主要优点是它们不受云层和光照的影响，可以持续稳定地提供地表水体分布信息[19]。此外，Google Earth Engine 平台提供了处理和分析大规模高分辨率 SAR 图像的计算能力，使其能够广泛应用于识别地表信息[20,21]。

水鸟分布的位置数据是研究水鸟分布和栖息地选择机制的数据基础[22]。传统的实地调查数据广泛应用于动物生态学的研究，但由于人力有限和部分栖息地无法到达，调查数据获取往往频率较低[23]。与传统的实地调查数据相比，GPS 跟踪数据可以获得高频和高精度的鸟类位置信息[24]，并且在近十年得到大量应用，使得在了解动物如何与环境变化相互作用和应对环境变化方面取得了飞速进展[21]。

鄱阳湖是中国最大的淡水湖，为东亚-澳大利西亚迁飞路线的迁徙水鸟提供了丰富的食物资源和适宜的栖息地[25]。近年来，由于气候变化和人类活动，干旱、洪水等极端水文事件频繁发生[26-28]。干旱和洪水导致水文条件异常，退水时间提前或推迟，都会影响植食性水鸟栖息地的植物生长情况[5,29,30]。因此，量化淹没时长和雁类分布之间的关系对物种保护和栖息地管理至关重要。

2020 年夏季，鄱阳湖流域爆发历史特大洪水，超警戒线水位持续时间近 59 天，至 9 月 1 日鄱阳湖星子站水位退至 19 m 警戒线以下，鄱阳湖进入正常汛期。夏季的特大洪水对鄱阳湖造成了负面影响，尤其是鄱阳湖越冬水鸟。极端高水位导致退水时间延后，洲滩出露延迟，与越冬雁类到达鄱阳湖时间错配。雁类取食的苔草可能因低温而无法萌发，错过生长期。水鸟的重要分布区水位居高不下，导致部分水鸟无法找到停歇和觅食的区域，进而到稻田、藕塘等人工湿地觅食。越冬雁类对极端洪水年的响应机制，尚有待分析。

本章通过 SAR 数据提取淹没时长指数(FD)，将越冬雁类的 GPS 跟踪数据与 FD 相结合，以获得最佳淹没时长指数阈值。基于阈值，分析了雁类对不同淹没时长指数的响应，并估计了 2018—2020 年鄱阳湖适宜栖息地的分布，对比分析了子湖和鄱阳湖全湖的适宜栖息地的所占比例。

3.1 数据来源及方法

3.1.1 淹没时长指数(FD)提取计算方法

GEE 云计算平台是一个可以实现地球科学数据分析的行星级计算平台，集合了多种来源的遥感卫星影像数据，可实现遥感大数据分析，广泛应用于地面变化监测、地物差异量化等方面。GEE 为用户提供了基于 Web 端的交互式开发工具，用户可以在平台上调用提供的数据，使用 GEE 提供的运算空间进行开发计算。提供的数据集包括：Landsat 系列数据、Sentinel 系列数据、MODIS 相关数据产品以及气候天气卫星数据，土地利用数据和一系列相关数据产品，并且每天进行更新和扩展。

由于鄱阳湖水位呈现季节性变化，针对某一天或者一段时间的土地利用分类难以反映鄱阳湖水文动态变化，基于本地计算机的计算和分类的传统方法无法满足鄱阳湖长时间、高频率分类需求，GEE 平台解决了这一问题。本研究基于 GEE 平台进行了 FD 指数和 EVI 指数的计算。

合成孔径雷达(SAR)是一种主动式的对地观测系统。SAR 可以接收地面各种地物发射和反射的微波信号，以识别、分析地物，提取所需的信息。SAR 的优势在于主动发射信号和被动接收信号全都不依赖于光照，能做到全天时观测且不受天气影响；SAR 波长越长、地表湿度越小，雷达信号穿透能力越强。相比于多光谱、高光谱遥感数据，SAR 突破了传统光学影像测图限制，可以提供特殊信息，如土壤水分、相位信息、高程信息等。欧洲航天局(ESA)的 Sentinel-1 由 Sentinel-1A 和 Sentinel-1B 两颗卫星组成。两颗卫星搭载的传感器为 SAR，可以在全天候和光照条件下提供 C 波段 SAR 图像，周期为 6 天。SAR 数据通过垂直发射和垂直接收(VV)或垂直发射和水平接收(VH)极化对水体进行有效探测，实现水体和陆地的区分及洪泛湿地绘制。本研究选取 2018 年 1 月至 2020 年 12 月期间 10 m 空间分辨率 Sentinel-1 的 VV 极化数据进行计算与分析。

Sentinel-1 能做到全天候、不间断、不受天气影响地进行高频地面监测，为研究鄱阳湖水文变化提供最佳数据源。淹没时长指数(FD)由 Sentinel-1 提取计算而来。提取步骤主要分为以下三步：

(1) 去除噪声。SAR 图像通常具有斑点噪声，会降低影像质量。水体中会有细小的噪声，在分类过程中被误分为陆地，影响分类精度。本研究使用一种去除噪声的方法：每一景 SAR 影像使用中值滤波器，查看每个像素及其相邻像素，并取中值，去除影像中细小噪声。

提取后的鄱阳湖的雷达影像与水体提取信息如图 3-1 所示。

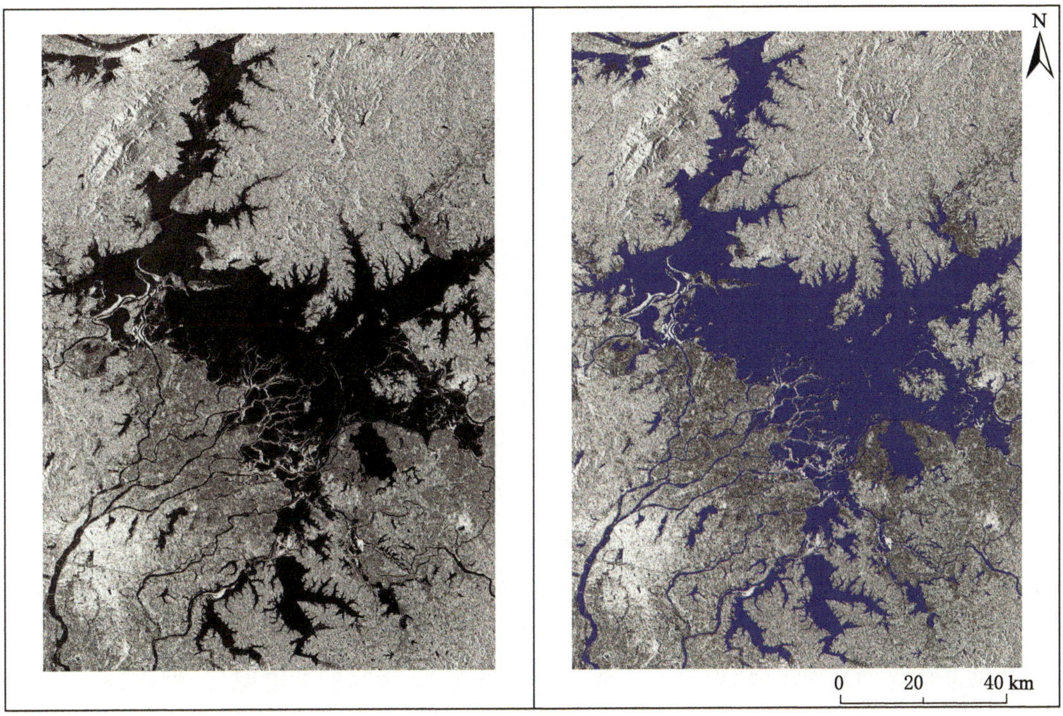

（a）Sentinel-1VV极化数据　　（b）Otsu法提取水体

图 3-1　雷达影像与水体提取示意图

（2）水体提取。采用 Otsu 法[31]将鄱阳湖湿地范围划分为水体和非水体两类。该方法使用图像直方图自动选择水体和非水体之间的阈值，广泛应用于区分水和陆地[32]。该方法根据图像直方图计算出某一阈值处的类间方差，并自动选择最优的阈值，使类间方差最大。计算公式如下：

$$n(k^*)=\max_{1\leqslant k\leqslant n}\frac{\omega_0(k)\omega_1(k)[\mu_0(k)-\mu_1(k)]^2}{\delta^2} \tag{3-1}$$

式中，k^* 是区分水体和非水体的最佳阈值，$\omega_0(k)$ 和 $\omega_1(k)$ 是被阈值 k 分为水体和非水体的概率，$\mu_0(k)$ 和 $\mu_1(k)$ 是水体和非水体在阈值处的平均值，δ^2 是总方差。

与基于监督分类、机器学习等的方法相比，该方法具有不需要训练样本的优点。将提取后水体赋值为 1，其他赋值为 0，得到每 6 天一景的鄱阳湖水面分布图。

（3）提取结果相加。将 2018—2020 年每一年分类后影像进行相加计算，由于 Sentinel-1 每 6 天一景，将相加后结果乘以 6，即可获得 2018 年、2019 年和 2020 年的淹没时长指数的时空分布变化，具体流程见图 3-2。

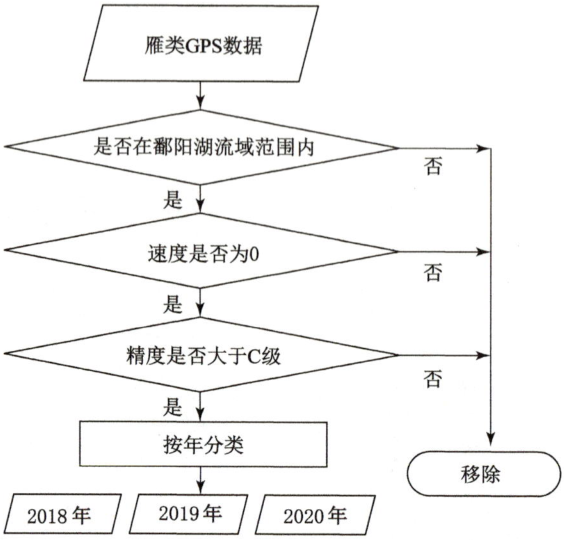

图 3-2　淹没时长指数计算方法

3.1.2　环境因子与水鸟 GPS 数据时空匹配方法

GPS 数据为高频、精准监测水鸟运动轨迹和分布动态提供了数据源。白额雁作为国家Ⅱ级重点保护动物，是鄱阳湖冬候鸟中的优势种。在 2018 年和 2019 年越冬季期间，在鄱阳湖湿地捕获优势物种白额雁，在没有造成伤害的情况下，为其安装追踪器(湖南环球信士科技有限公司)，编号并释放。利用卫星追踪技术，每 2 小时一次获取水鸟所处位置经纬度、速度、航向、海拔等信息，同时配备多种传感器采集相应参数。GPS 追踪器所采集的数据通过无线网络发送至服务器，同时也能存储到追踪器内置存储卡上。本研究中，2018 年使用了 42 只雁类追踪器数据，2019 年为 30 只，2020 年为 16 只。每条数据包含以下内容：

(1) FID：追踪的水鸟编号；

(2) 时间：数据记录时间，精确到分钟；

(3) 经纬度：水鸟所处经纬度；

(4) 速度：水鸟飞行速度；

(5) 航向：水鸟飞行方向；

(6) 高度：水鸟飞行高度；

(7) 温度：水鸟体温；

(8) 卫星：记录 GPS 时，提供信号的卫星数量；

(9) 精度：记录 GPS 位置精度，GPS 追踪数据的精度级别分为 5 个级别：A(5 m)，B(10 m)，C(20 m)，D(100 m)，E(2 000 m)和无效数据。

在使用水鸟 GPS 数据之前，需要执行一系列处理步骤。首先，使用 Sentinel-1 提取的鄱阳湖水面最大的范围(2020 年 7 月 20 日)作为湿地边界，仅选择在该边界内的 GPS 追踪数据进行计算。第二，因为在飞行过程中获得的鸟类 GPS 数据无法反映栖息地的特征，所以仅保留飞行速度为 0 的 GPS 数据。第三，研究中去掉低于 C 级别（包括 C 级）的数据。最后，将所有时间的 GPS 数据按年分类，分为 2018 年、2019 年、2020 年三个集合。

GPS 数据处理流程见图 3-3。

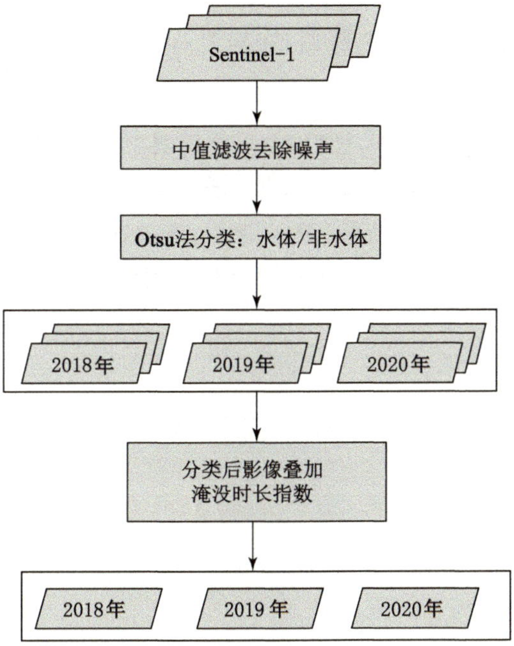

图 3-3　GPS 数据处理流程

经预处理后 2018 年有 19 084 个 GPS 点位，其中 12 月份为 6 850 个 GPS 点位；2019 年有 14 700 个 GPS 点位，其中 12 月份为 6 248 个 GPS 点位；2020 年有 5 177 个 GPS 点位，其中 12 月份为 1 146 个 GPS 点位。每年 GPS 数据中通过随机抽取的方式分为两个集合：80％的 GPS 数据作为训练数据，剩余 20％作为验证数据。

80％的 GPS 训练数据中，2018 年有 15 267 个 GPS 点位，2019 年有 11 760 个 GPS 点位，2020 年有 4 141 个 GPS 点位。与淹没时长指数（FD）进行时空匹配时，由于三年 GPS 数据数量有差异，所以在每年训练数据集中以数量最小的年份 2020 年为标准。在 2018 年、2019 年和 2020 年的训练数据中随机抽取 4 000 个 GPS 点位数据。抽取 GPS 点位后提取对应年份淹没时长指数（FD）的值，并统计不同淹没时长指数对应 GPS 点位个数占抽取总量的比例，得到雁类分布概率。为避免偶然性，上述过程重复 1 000 次后取平均值。

由于研究中使用的 EVI 数据是利用 2018—2020 年每年 12 月份的遥感数据计算的，所以在与 EVI 进行时空匹配时，在训练数据集中筛选出每年 12 月份的 GPS 数据。80％的 GPS 训练数据中，2018 年 12 月份有 5 667 个 GPS 点位，2019 年 12 月份有 5 107 个 GPS 点位，2020 年 12 月份有 955 个 GPS 点位。同样以数量最小的年份 2020 年为标准，每年随机抽取900个GPS点位,其余统计方法与上述相同。

ArcGIS API for Python 是一个 Python 库,可用于执行 GIS 可视化与分析、空间数据管理以及 GIS 系统管理任务,整合了映射、查询、分析、地理编码、路径、门户管理等功能。用户可在其中执行代码、生成可视化效果,并将其一起存储在同一文档中。Python 脚本(扩展名为.py 的文件)可以在 ArcGIS Pro 外部运行。本研究中,雁类分布概率与 FD、EVI 的关系分析以及鄱阳湖雁类适宜栖息地模型,均基于 Arcgis 与 Python 开发完成。

3.1.3 连通子湖和管控子湖

根据鄱阳湖流域的地形,Shi 等[33]使用重采样工具,结合从鄱阳湖水利部门获得的大坝测量数据,提取并分类了鄱阳湖子湖的边界,子湖分为局部管控子湖和自由连通子湖(图 3-4)。根据鄱阳湖子湖的分类结果(表 3-1)[34],选取鄱阳湖国家级自然保护区和南矶湿地国家级自然保护区的子湖,研究水文连通性对雁类栖息地适宜性的影响。

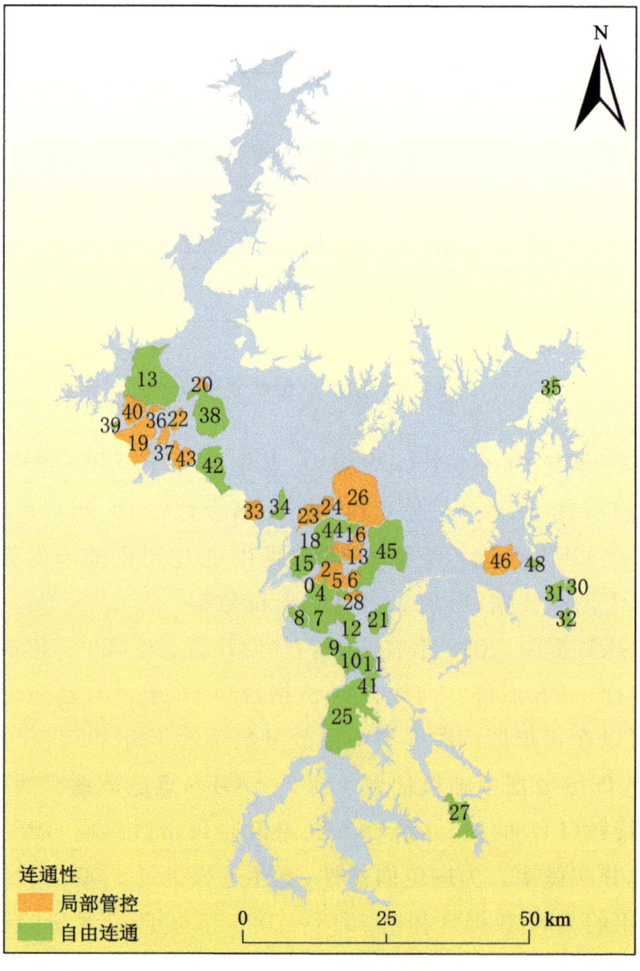

图 3-4 鄱阳湖局部管控子湖和自由连通子湖

表 3-1　鄱阳湖局部管控子湖和自由连通子湖编号及名称

编号	名称	连通性
0	战备湖	局部管控
1	下深湖	局部管控
2	常湖	局部管控
3	朱湖	局部管控
4	三湖	自由连通
5	三泥湾	局部管控
6	白沙湖	局部管控
7	林充湖	自由连通
8	西湖	自由连通
9	程家池	自由连通
10	王罗湖	自由连通
11	北口湾	自由连通
12	草湾湖	自由连通
13	蚌湖	自由连通
14	大车荒	自由连通
15	大沙坊湖	自由连通
16	上北甲	局部管控
17	下北甲	局部管控
18	边湖	自由连通
19	大湖池	局部管控
20	梅西湖	局部管控
21	独洲湖	自由连通
22	中湖池	局部管控
23	上段湖	局部管控
24	下段湖	局部管控
25	金溪湖	自由连通
26	神塘湖	局部管控
27	杨坊湖	自由连通
28	石湖	局部管控
29	山南湖	自由连通
30	盘湖	自由连通
31	北汊湖	自由连通
32	晚湖	自由连通
33	大伍湖	局部管控
34	饭湖	自由连通

表 3-1(续)

编号	名称	连通性
35	交汊湖	自由连通
36	常湖池	局部管控
37	象湖	局部管控
38	大汊湖	自由连通
39	铜扒湖	自由连通
40	沙湖	局部管控
41	沙塘池	自由连通
42	蚕豆湖	自由连通
43	董家湖	局部管控
44	泥湖	自由连通
45	东湖	自由连通
46	大莲子湖	局部管控
47	朱市湖	局部管控
48	七金湖	自由连通

3.1.4 家域分析

本研究的土地利用数据源自资源环境科学与数据中心(http://www.resdc.cn),为2015年土地利用数据。研究以南昌市、九江市(九江、湖口、彭泽、瑞昌、德安、永修、星子、都昌)、抚州市(东乡、抚州)、上饶市(万年、余干、鄱阳)、宜春市(樟树、丰城)、新余市、鹰潭市(余江)、乐平市(景德镇)的行政边界作为鄱阳湖流域平原的范围,并对分类系统进行重新分类:将与雁类栖息地相关的土地利用类型分为自然湿地(森林湿地、草本湿地、湖泊、河流),其余划分为人工湿地(水田、水库/坑塘、运河/水渠)。

核密度是一种计算移动物种分布和利用率的方法。本研究使用R3.3.3软件中"adehabitatHR"程序包[35]来计算雁类家域,通过GPS跟踪数据分析雁类在不同土地利用类型中的家域范围。"adehabitatHR"程序包中的二元函数,可根据动物在某一点的地理坐标,给出该动物被发现的概率密度。该函数基于动物的定位点,利用空间分布的非参数估计来估算家域面积。

3.2 淹没时长指数

基于GEE平台提取了鄱阳湖水面分布情况,并统计了鄱阳湖湿地范围内影像的水体面积。2018—2020年共计187幅水面分布数据。2018年最大水体面积出现在2018年7月25日,为3 115 km^2,最小水体面积出现在2018年2月19日,为1 266 km^2,2018年度水体面积最大最小之差为1 849 km^2。2019年最大水体面积出现在2019年7月14日,为3 817 km^2,最小水体面积出现在 2019 年 12 月 11 日，为 1 005 km^2，2019 年度水体面积最大最小之差为 2 812 km^2。2020 年最大水体面积出现在 2020 年 7 月 20 日，为 3 941 km^2，最小水体面积出现在 2020 年 1 月 16 日，为 365 km^2，2020 年度水体面积最大最小之差为 3 576 km^2。

鄱阳湖面积呈现季节性涨落，7 月中旬到 8 月初为全湖面积最大时间，12 月中旬至次年 2 月，全湖面积最小，面积之差约 2 000 km^2。从 2018—2020 年水体面积统计结果(图 3-5)可以看到 2018 年是典型的枯水年，2019 年是平水年，2020 年是极端洪水年。

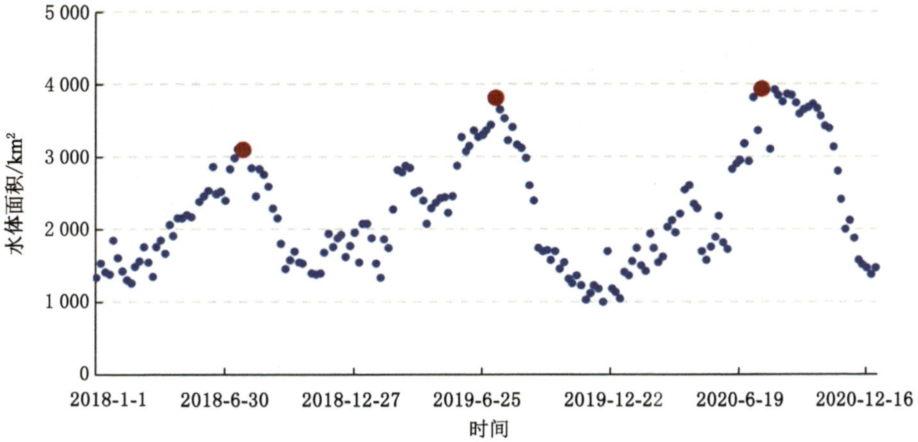

图 3-5 基于 Sentinel-1 影像提取鄱阳湖 2018—2020 年水体面积变化特征

研究中使用了鄱阳湖星子站 2018 年 1 月 1 日—2020 年 12 月 31 日的水位数据(数据来源于江西省水利厅)。将提取后获得水体面积数据与鄱阳湖星子站水文数据进行相关分析，可以看到，两者呈现高度相关，$R^2=0.9107$(图 3-6)，表明基于此研究方法提取的水体面积结果可以反映鄱阳湖水文情况。

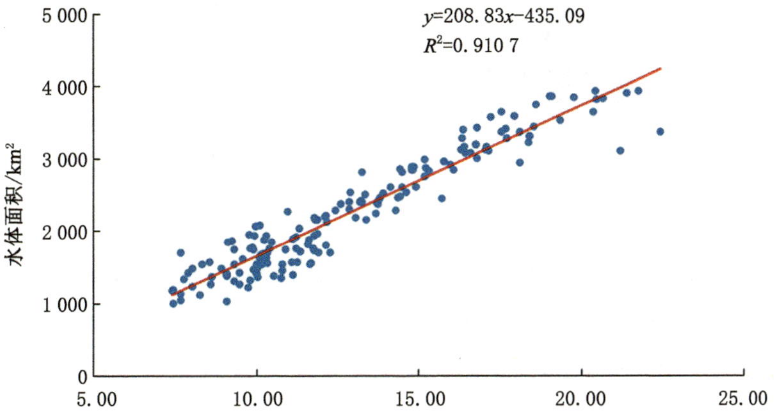

图 3-6 鄱阳湖 2018—2020 年水体面积与星子站水位的关系

将 2018 年、2019 年、2020 年提取的每 6 天一景的水面分布数据叠加后相加并乘以 6，获取了鄱阳湖淹没时长指数时空分布图(图 3-7)。2018 年全湖平均淹没时长指数为 181 天，2019 年平均淹没时长指数为 214 天，2020 年平均淹没时长指数为 234 天。

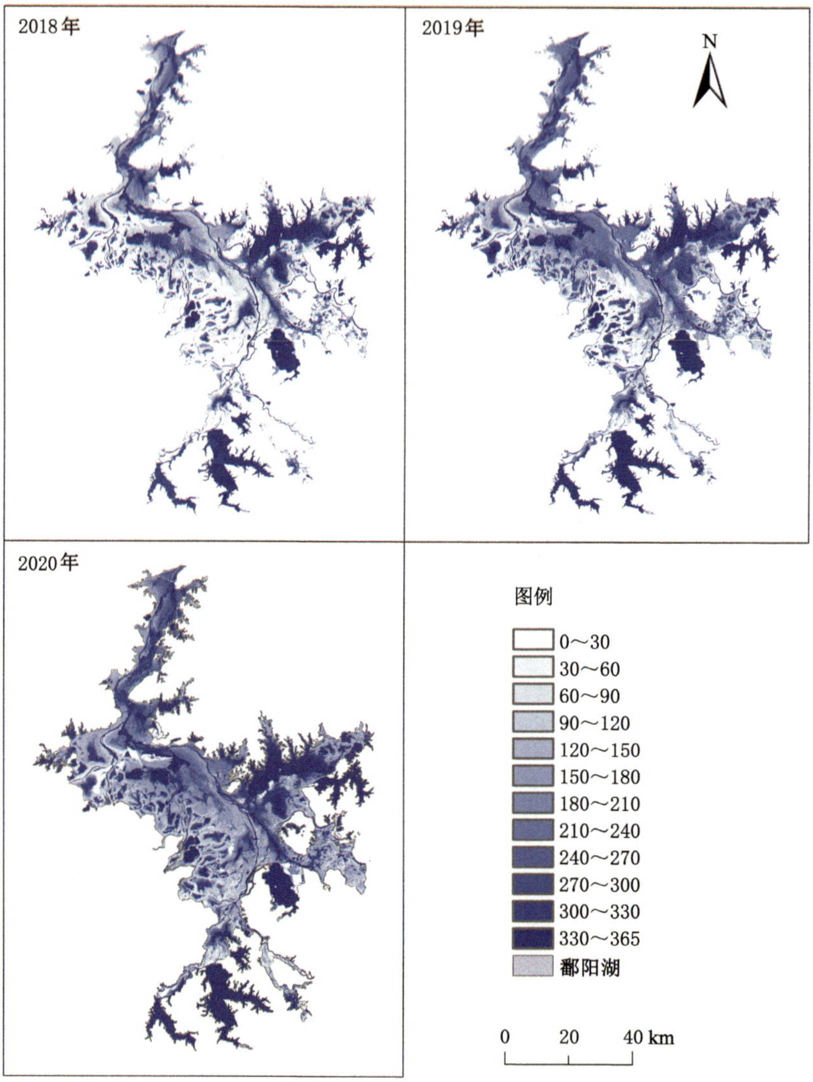

图 3-7 鄱阳湖 2018—2020 年淹没时长指数时空分布图

与其他两个年份相比，2018 年淹没时长指数为 0 的区域面积最大，高达 458 km^2，而 2019 年和 2020 年则较低。可以看出 2018 年相对于其他年份更干枯，2018 年最大淹水面积较小。由于 2020 年为洪水年份，淹水时长指数小于 60 天的区域仅分布在部分地势较高的沙山区域。

由图 3-8 可知，2018 年，碟形湖周围区域淹没时长指数不超过 30 天，部分碟形湖已经干涸。主湖周围沼泽地带淹没时长指数低于 150 天。2019 年，南矶山保护区碟形湖周围区域淹没时长指数主要为 0～60 天，鄱阳湖保护区碟形湖周围区域淹没时长指数为 60～120 天。主湖周围沼泽地带淹没时长指数为 120～240 天。2020 年碟形湖周围区域淹没时长指数为 120～240 天，主湖周围区域淹没时长指数为 150～240 天。2018 年、2019 年和 2020 年淹没时长指数超过 360 天的区域面积分别是 793 km^2、935 km^2 和 1 085 km^2，这些区域主要分布于建有水闸的水域、部分子湖和主要河道，为长期淹水水面。

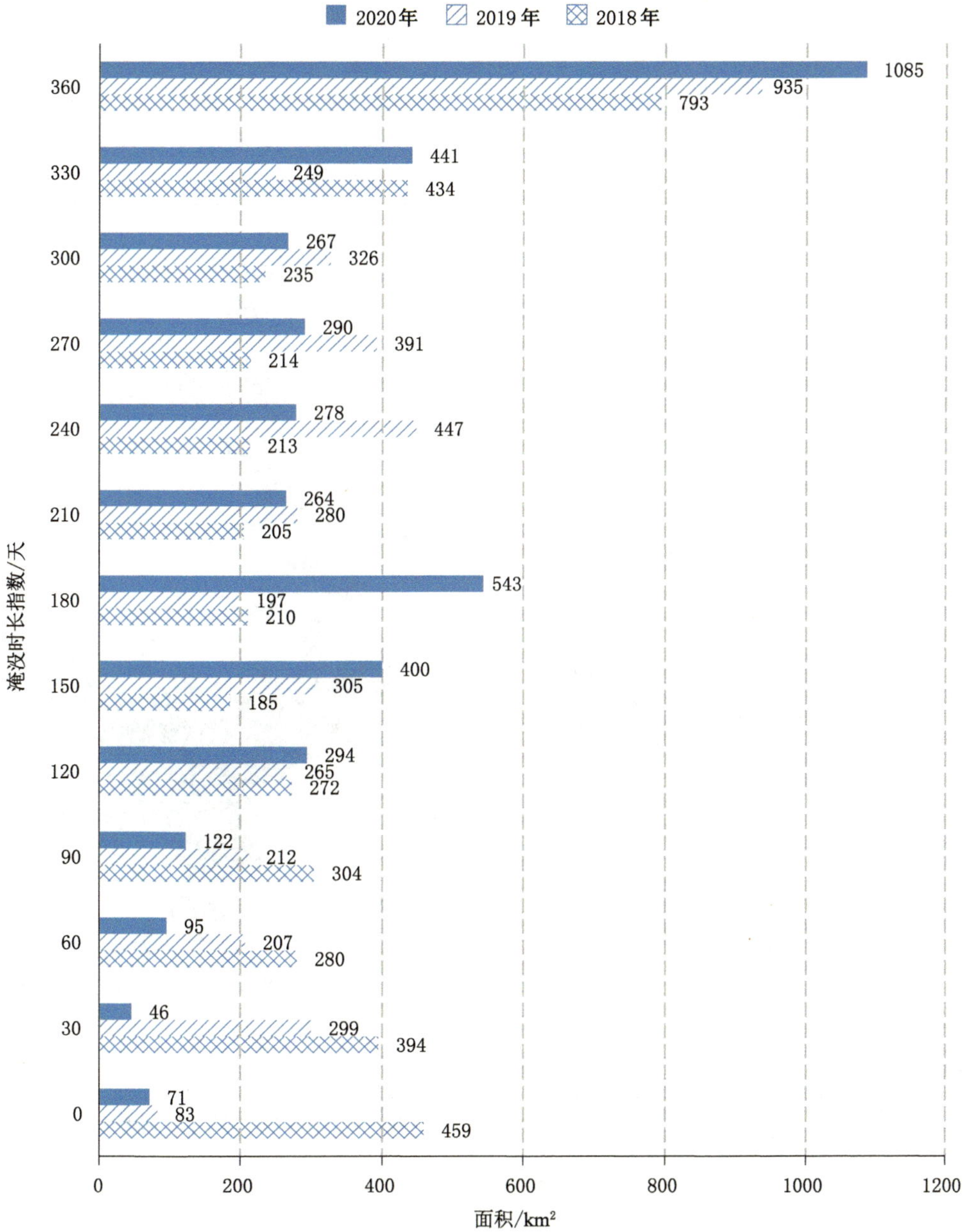

图 3-8　鄱阳湖 2018—2020 年不同淹没时长指数对应面积变化图

湿地洪泛区面积为最大水体面积与最小水体面积之差。如表 3-2 所示，2019 年（平水年）的洪泛区面积最大，其次是 2020 年（洪水年）和 2018 年（枯水年）。最大水体面积出现在 2020 年，而最大洪泛区面积出现在 2019 年。

表 3-2 鄱阳湖 2018—2020 年洪泛区面积、最大水体面积、最小水体面积及对应日期

年份	2018	2019	2020
最大水体面积	3 115 km^2	3 817 km^2	3 941 km^2
对应日期	7 月 25 日	7 月 14 日	7 月 20 日
最小水体面积	1 266 km^2	1 005 km^2	1 365 km^2
对应日期	1 月 19 日	12 月 11 日	1 月 16 日
洪泛区面积	1 849 km^2	2 811 km^2	2 576 km^2

对比 2019 年（平水年）和 2018 年（枯水年）淹没时长指数的空间变化（图 3-9），发现 2018—2019 年 FD 增加的面积为 2 980 km^2。在 2019 年至 2020 年，FD 面积减少了2 153 km^2。

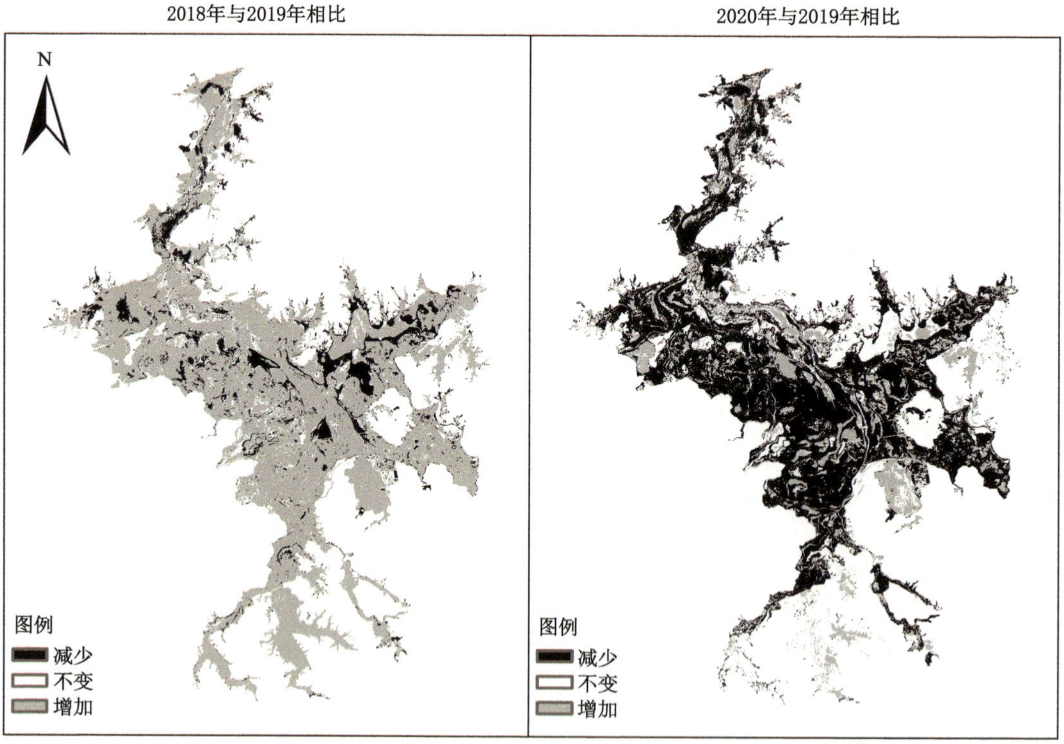

（a）2018—2019年淹没时长指数时空格局变化　（b）2019—2020年淹没时长指数时空格局变化

图 3-9 2018—2020 年淹没时长指数时空格局变化

自由连通子湖与主湖处于连通状态，水文交换便捷；局部管控子湖则因人为控制或自然条件限制，与主湖的水文连通受限。鄱阳湖共有 27 个自由连通子湖和 22 个局部管控子湖。由表 3-3 可知，2018 年和 2019 年，子湖的平均淹没时长指数分别为 20 天和 28 天，其中交汉湖的淹没时长指数最长——2018 年达 56.85 天，2019 年增至 59.31 天；山南湖的淹没时长指数最短，均在 5 天以内。2020 年，子湖平均淹没时长指数进一步上升至 33.65 天，交汉湖仍为淹没时长指数最长的子湖（57.27 天），朱湖则以 20.30 天成为当年淹没时长指数最短的子湖。2018—2020 年，子湖平均淹没时长指数呈现显著上升趋势。2020 年，鄱阳湖 50 个子湖中仅有 14 个的平均淹没时长指数低于 1 个月（30 天），其余子湖的平均淹没时长指数均在 30 天以上，最长可达 57.27 天。

表 3-3　局部管控和自由连通子湖平均淹没时长指数　　单位：天

编号	名称	连通性	平均高程	平均淹没时长指数		
				2018 年	2019 年	2020 年
0	战备湖	局部管控	13.56	12.19	29.97	29.93
1	下深湖	局部管控	13.19	20.96	33.33	32.83
2	常湖	局部管控	13.23	19.57	33.41	37.63
3	朱湖	局部管控	13.39	11.03	13.08	20.30
4	三湖	自由连通	13.48	19.37	29.42	38.69
5	三泥湾	局部管控	13.23	14.05	22.54	32.96
6	白沙湖	局部管控	12.72	24.51	34.19	35.72
7	林充湖	自由连通	13.51	13.11	26.29	33.70
8	西湖	自由连通	13.58	10.38	20.10	38.27
9	程家池	自由连通	13.52	10.24	22.63	26.01
10	王罗湖	自由连通	13.70	17.30	29.26	32.67
11	北口湾	自由连通	14.03	12.98	23.83	27.05
12	草湾湖	自由连通	13.39	3.64	13.04	23.51
13	蚌湖	自由连通	12.05	20.68	27.37	30.83
14	大车荒	自由连通	13.80	18.37	21.30	30.06
15	大沙坊湖	自由连通	13.61	48.63	47.27	55.34
16	上北甲	局部管控	13.26	15.78	22.52	27.35
17	下北甲	局部管控	12.89	26.14	28.96	36.01
18	边湖	自由连通	13.78	9.88	12.98	30.10
19	大湖池	局部管控	13.00	29.75	42.04	36.45
20	梅西湖	局部管控	14.25	24.72	30.56	40.13
21	独洲湖	自由连通	13.47	4.62	12.99	21.42
22	中湖池	局部管控	13.42	23.46	34.43	35.60
23	上段湖	局部管控	13.35	14.89	22.28	32.85

表 3-4(续)

编号	名称	连通性	平均高度	平均淹没时长指数		
				2018 年	2019 年	2020 年
24	下段湖	局部管控	12.97	13.98	20.17	37.08
25	金溪湖	自由连通	12.85	20.94	29.58	32.99
26	神塘湖	局部管控	11.90	11.39	17.03	26.86
27	杨坊湖	自由连通	13.86	31.21	42.03	45.36
28	石湖	局部管控	12.57	12.25	30.20	37.28
29	山南湖	自由连通	13.34	3.43	4.90	25.26
30	盘湖	自由连通	14.22	28.06	31.81	36.19
31	北汊湖	自由连通	13.57	12.70	24.35	27.27
32	晚湖	自由连通	14.04	12.99	23.40	22.81
33	大伍湖	局部管控	12.70	15.11	21.32	24.41
34	饭湖	自由连通	13.30	27.06	32.95	42.01
35	交汊湖	自由连通	12.70	56.85	59.31	57.27
36	常湖池	局部管控	13.43	16.75	28.90	32.04
37	象湖	局部管控	14.33	21.76	27.42	30.57
38	大汊湖	自由连通	11.79	29.86	34.83	37.66
39	铜扒湖	自由连通	13.81	53.22	55.86	53.91
40	沙湖	局部管控	13.60	21.66	29.02	31.62
41	沙塘池	自由连通	13.60	10.58	23.56	24.53
42	蚕豆湖	自由连通	13.33	18.63	26.22	31.17
43	董家湖	局部管控	13.89	27.32	34.45	38.81
44	泥湖	自由连通	13.09	17.71	20.77	31.80
45	东湖	自由连通	11.86	29.49	35.91	37.58
46	大莲子湖	局部管控	12.63	22.46	29.64	35.68
47	朱市湖	局部管控	13.78	13.52	23.02	24.93
48	七金湖	自由连通	13.27	27.44	37.24	38.43

如图 3-10 所示，2018 年、2019 年与 2020 年自由连通状态的子湖平均淹没时长指数均大于局部管控子湖。具体来说，2018 年自由连通的子湖平均淹没时长指数在 21 天左右，局部管控的平均淹没时长指数在 18 天左右；2019 年自由连通和局部管控子湖的平均淹没时长指数在 28 天左右；2020 年自由连通的平均淹没时长指数在 34 天左右，局部管控的平均淹没时长指数在 32 天左右。整体而言，无论是自由连通状态还是局部管控状态的子湖平均淹没时长指数随水位上升而增加。

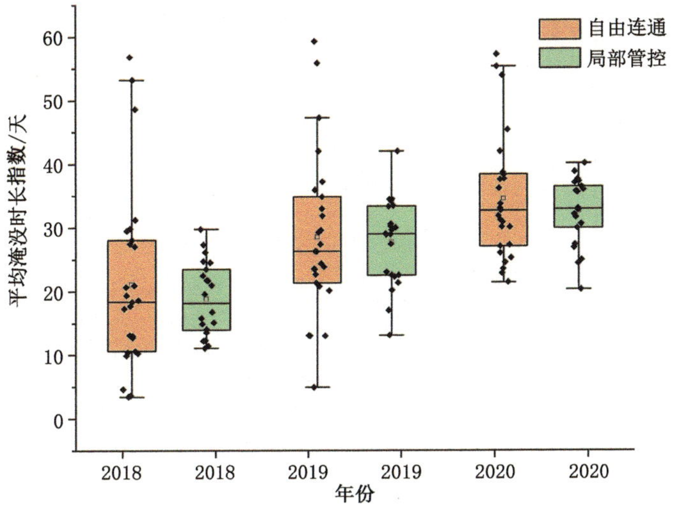

图 3-10　不同连通性子湖平均淹没时长指数的差异

3.3　雁类对淹没时长指数变化的响应特征

2018 年、2019 年和 2020 年雁类分布概率最高累计超过 50％的概率分布如图 3-11 所示。

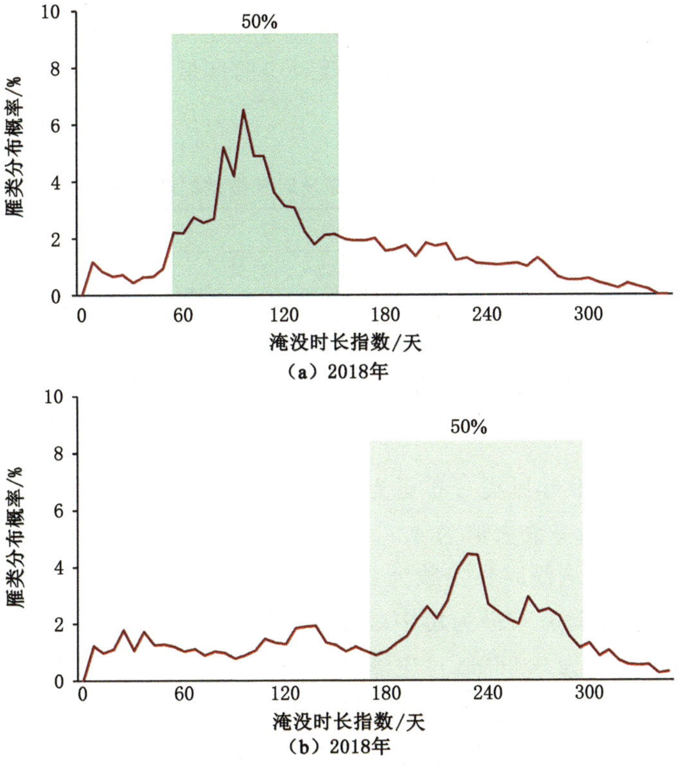

图 3-11　2018—2020 年鄱阳湖越冬雁类分布概率对应淹没时长指数范围

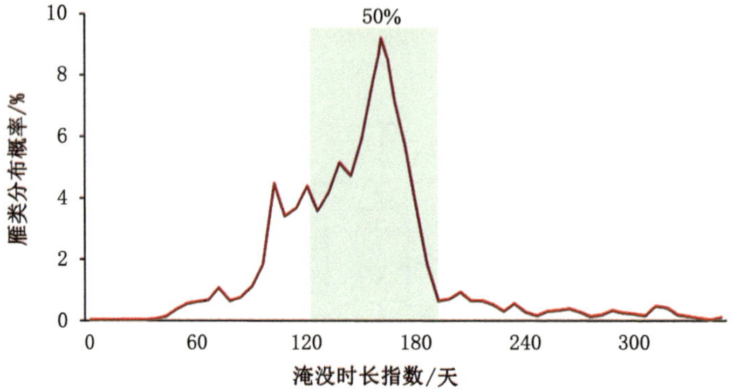

(c) 2018年

图 3-11 (续)

分析表明,2020 年雁类的最高分布概率为 9.36%,2018 年和 2019 年则分别为 6.52% 和 4.45%。其中 2019 年越冬雁类累计分布概率超过 50%的对应淹没时长指数最长,其次是 2018 年和 2020 年。这意味着越冬雁类在平水年(2019 年)更为灵活,而在干旱年(2018 年)或洪水年(2020 年),其适宜的淹没时长阈值可能会缩小。与枯水年相比,洪水年淹没时长指数对应范围更窄。

从 2018 年淹没时长指数和雁类分布概率的关系表(表 3-4)中可以看出,2018 年雁类集中分布在淹没时长指数为 60～132 天的区域内。其中分布概率最高是 6.52%,对应的淹没时长指数为 96 天。2018 年雁类分布概率较低对应的区域为淹没时长指数为 300～360 天的范围,均低于 1%,分布概率之和为 2.4%。

表 3-4　不同水文年越冬雁类对淹没时长指数的响应阈值范围变化

年份		2018	2019	2020
越冬雁类分布概率	最高分布概率/%	6.52	4.45	9.36
	对应淹没时长指数/天	96	223	162
越冬雁类累计分布概率大于 50%	对应淹没时长指数区间/天	60～132	174～288	138～186
	适宜淹没时长指数/天	72	114	48

与 2018 年相比,2019 年雁类分布更为分散,其分布较为集中的淹没时长指数为 174～288 天。其中雁类分布概率最大值为 4.45%,对应淹没时长指数为 223 天;2019 年雁类分布概率较低,对应的区域淹没时长指数为 300～360 天,分布概率均低于 1%。

2020 年是三年中雁类分布最为集中的年份,主要分布在淹没时长指数为 138～186 天的区域,分布概率最大值为 9.36%,对应淹没时长指数为 162 天。2020 年淹没时长指数为 0～60 天、240～300 天和 300～360 天的区域雁类分布概率均不足 1%。此外,2018—2020 年淹水时长指数超过 300 天的区域雁类分布概率均低于 1%,表明深水区域不是雁类主要选择的栖息地。

3.4　雁类适宜栖息地时空格局变化

基于淹没时长最优阈值，绘制 2018—2020 鄱阳湖越冬雁类适宜生境图(图 3-12)。

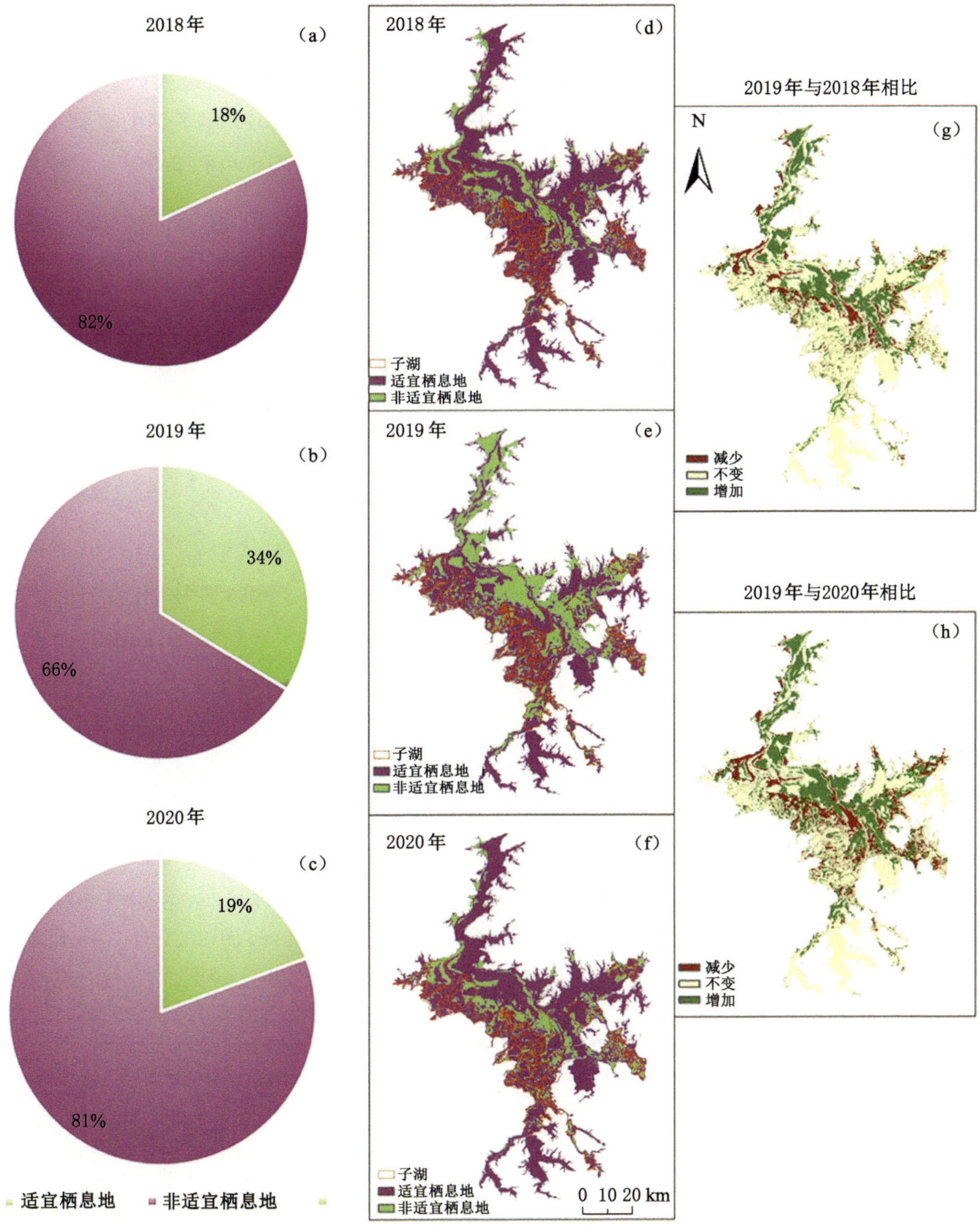

图 3-12　鄱阳湖越冬雁类不同水文年栖息地空间分布变化

结果显示，2019 年适宜生境面积最大（1 331 km^2），2020 年和 2018 年分别为 764 km^2 和 714 km^2。从空间分布看，2019 年适宜生境不仅分布于子湖区域，还广泛分布于其他区域[图3-12(e)]；而 2018 年和 2020 年的适宜生境则多集中于子湖[图 3-12(d)、(f)]。

从面积变化趋势看，2018—2019 年越冬雁类适宜生境面积增加 1 971 km^2[图 3-12(g)]，但 2019—2020 年面积下降 1 441 km^2[图 3-12(h)]。研究涉及子湖边界区共 110 个，面积 1 140 km^2，鄱阳湖全湖面积为 3 941 km^2。为避免面积差异影响，进一步统计单位面积内适宜生境比例发现：从子湖尺度角度，2019 年雁类适宜生境面积最大（320 km^2），2020 年为 298 km^2，2018 年最小（225 km^2）。从比例对比角度，尽管 2019 年子湖的适宜生境面积最大[图 3-13(a)]，但其单位面积适宜生境比例小于全湖；而 2018 年和 2020 年子湖的单位面积适宜生境比例均高于全湖[图 3-13(b)]。

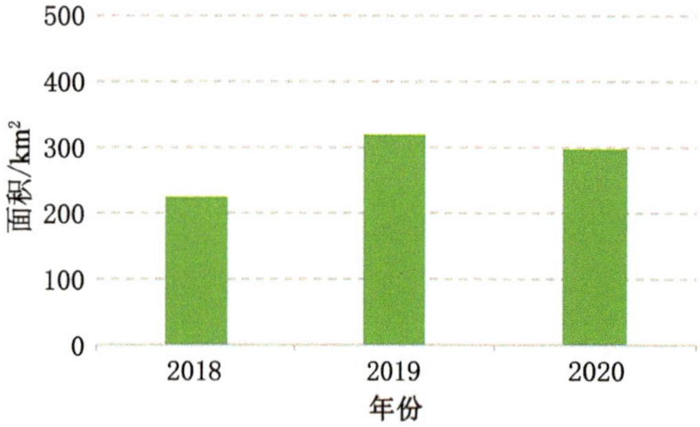

（a）2018—2020年鄱阳湖子湖适宜生境面积

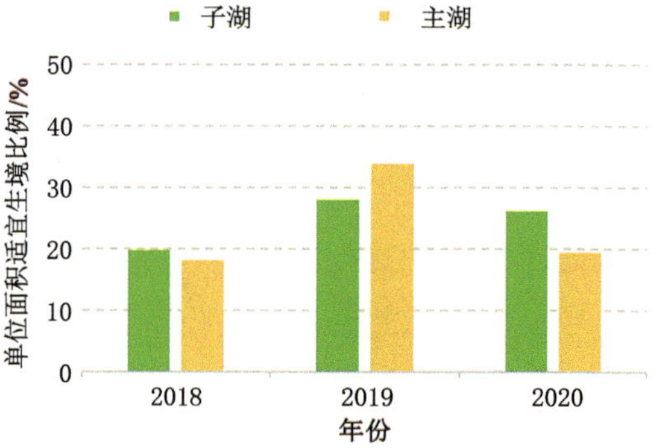

（b）2018—2020年子湖和全湖单位面积适宜生境面积比例

图 3-13　2018—2019 年鄱阳湖子湖适宜生境面积及其占比

3.5　2020 年极端洪水对雁类栖息地影响分析

通过将 95%家域范围与 2015 年土地利用数据叠加，分析典型水文年雁类 95%家域范围内的湿地类型构成（表 3-5）。2018—2020 年卫星追踪家域分析显示：2018 年和 2019 年，雁类对水田等人工湿地的利用面积低于 10 km^2，占比均不足 1%；而 2020 年这一比例显著提升至 9%。

表 3-5　同土地利用类型对应雁类家域面积

类别	2018 年		2019 年		2020 年	
	面积/km^2	占比/%	面积/km^2	占比/%	面积/km^2	占比/%
森林湿地	0.05	0.01	0.04	0.00	0.02	0.00
草本湿地	0.36	0.07	0.29	0.03	0.16	0.03
湖泊	496.57	99.85	906.68	98.98	555.81	91.14

表 3-5(续)

类别	2018 年		2019 年		2020 年	
	面积/km²	占比/%	面积/km²	占比/%	面积/km²	占比/%
河流	0.03	0.01	0.26	0.03	2.45	0.40
水库/坑塘	0.04	0.01	1.53	0.17	4.98	0.82
运河/水渠	0.24	0.05	6.08	0.66	39.45	6.47
水田	0.03	0.01	1.10	0.12	7.00	1.15

基于上述数据，利用 ArcMap10.8 软件绘制 2018—2020 年雁类 95%家域范围、自然湿地和人工湿地分布图(图 3-14)，结果表明：2019 年，95%家域范围最大，主要分布于鄱阳湖

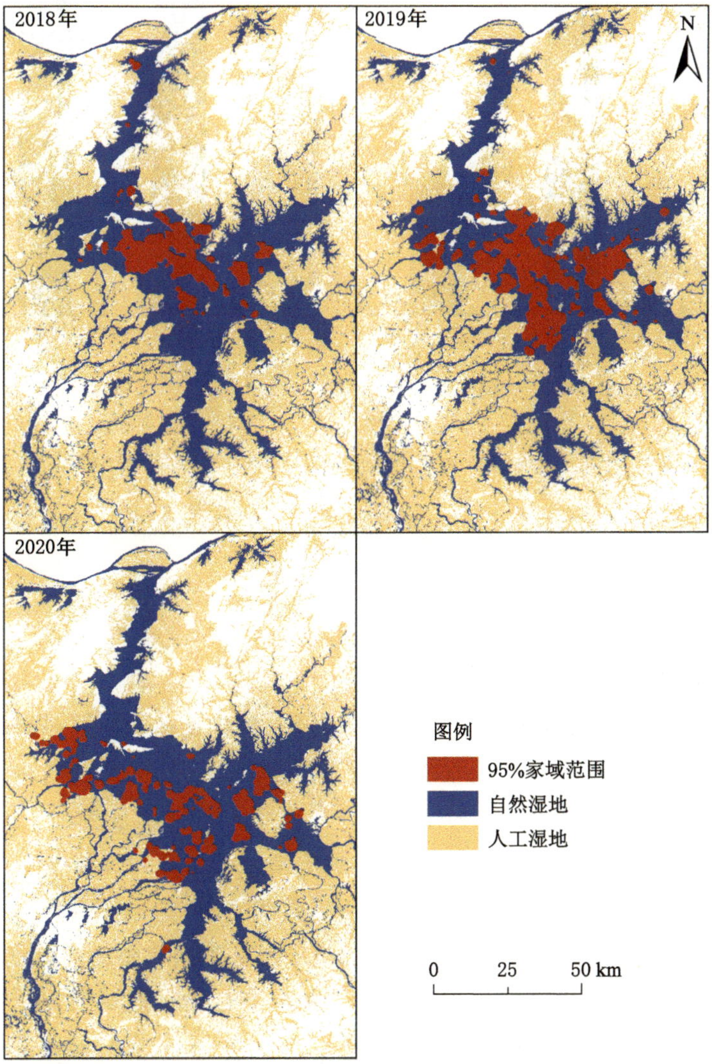

图 3-14　极端洪水条件下雁类家域范围分布

中部地区，子湖与主湖体均有分布。2018 年，相较于 2019 年，95%家域范围在子湖区域存在差异，尤其在左下部分子湖(如林充湖、南湖等)分布不同。2020 年，较 2019 年呈现明显变化，人工湿地利用面积显著增加，95%家域范围在主湖区域明显缩减，在子湖的分布也变得稀疏不连贯。

如图 3-15 所示，2019 年雁类在自然湿地中的家域面积最大，为 907 km^2，2018 年最小，为 497 km^2。人工湿地方面，2020 年家域面积最大，为 51 km^2，2018 年最小，仅 0.32 km^2，几乎未见人工湿地分布。人工湿地类型的占比随水文条件变化呈明显增多趋势：2018 年鄱阳湖自然湿地比例几乎为 100%，2019 年人工湿地占比增至 3%，2020 年进一步提升至 9%。

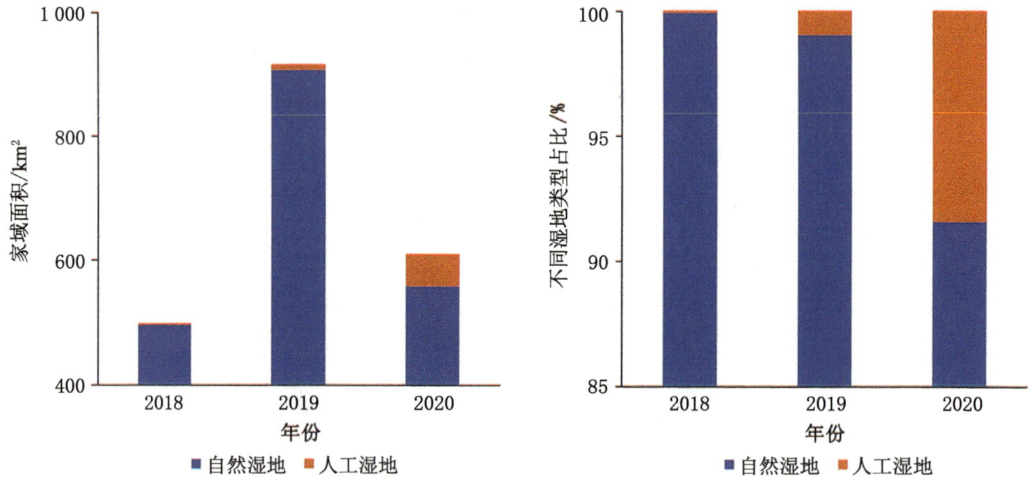

图 3-15 极端洪水条件下雁类对不同湿地类型的利用情况

3.6 讨　论

3.6.1 淹没时长指数的特点

湿地水鸟的栖息地选择受到水文变化的影响[14]，特别是淹没时长指数以及水鸟对特定食物资源的需求[36]。已有研究使用水文模型[7]通过绘制洪泛区的空间分布[37,38]来预测适宜栖息地的分布。本研究基于 GEE 平台，利用 SAR 数据(6 天/场景，10 m 分辨率)计算淹没时长指数[19,39]，该方法可以高效地提升鄱阳湖淹没时长指数的计算和分析效率[40]。

研究中使用的基于雷达数据提取淹没时长指数的方法，有以下优点：① 克服了传统基于多光谱数据提取水体导致的时间分辨率和空间分辨率难以权衡的问题；② 相比于水文模型模拟，遥感监测更能反映子湖实际水文变化。鄱阳湖在枯水期期间，子湖与主湖分离，主湖区域的水文站点难以反映子湖的水文情势[41]。基于 SAR 的遥感监测数据能够反映子湖的实际水面分布，为研究鄱阳湖水文时空格局的变化提供了重要数据源，对量化洪泛湿地的淹没时长及复杂生态过程具有重要意义[42]。

从 FD 空间分布可知，FD 高值区域为长期淹没水体，FD 低值区域主要分布于鄱阳湖湿地外围，其分布受水文和地形的影响[7]，可以有效反映湿地全年的时空水文特征。从提取的淹没时长指数时空分布格局可以看出，2018 年有大量全年未淹水区域，这是由于 2018 年是枯水年，水位较低，碟形湖并未被完全淹没；在 2020 年 12 月份有多个碟形湖 FD 值较高，水位居高不下。分析其原因主要有 2 个，一方面是 2020 年是极端洪水年，水位高，退水时间晚，导致子湖水位高；另一方面是由于 2020 年鄱阳湖禁渔政策的影响，渔民无法使用“斩秋湖”模式捕鱼，部分碟形湖闸口未开，导致水位较高，与 2018 年和 2019 年相比，这些碟形湖泥滩和草洲出露较少。

3.6.2　水文变化对雁类分布概率的影响

水文变化是湿地植被分布特征变化的主要驱动力[43]，苔草作为越冬雁类的主要食物来源，对水文变化异常敏感[44,45]（图 3-16）。本章分析了越冬雁类对洪水年、枯水年和平水年的响应特征。从淹没时长指数和雁类分布概率的关系可以看到，枯水年（2018 年）雁类最大分布概率为 6.5%，洪水年（2020 年）最大分布概率可达到 9.3%，雁类分布更为集中，而平水年（2019 年）则分布较为分散，最大分布概率仅为 4.45%。分析越冬雁类分布概率与淹没时长指数之间的关系，发现淹没时长指数阈值范围在平水年较大，在枯水年和洪水年较小。

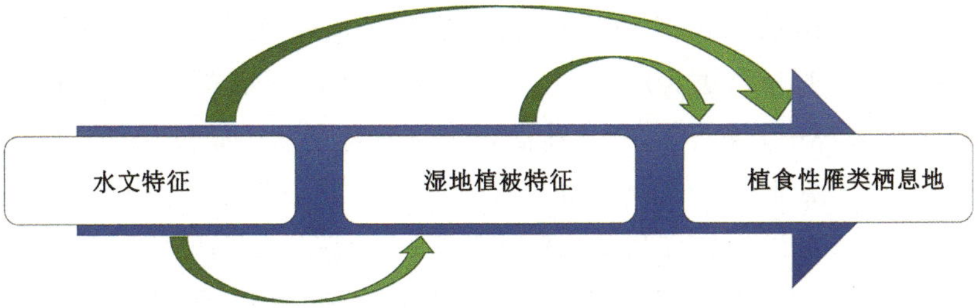

图 3-16　水文特征、湿地植被特征和植食性雁类栖息地的关系概念图

基于淹没时长指数阈值，预测了雁类在不同水文年份的栖息地模式。2019 年（平水年），淹没时长指数阈值范围和适宜栖息地面积最大。这一发现得到了先前研究成果的支持[7,46]。有学者模拟了鄱阳湖候鸟栖息地的适宜性，发现平水年适宜栖息地的比例更高。这是因为平水年水文条件适宜，越冬雁类可以有更大的栖息空间[46,47]。越冬雁类在生长初期可以选择具有高适口性的植被为食[35]。

2018 年和 2020 年的适宜栖息地的面积比 2019 年小。有研究通过构建脆弱性指数证明了水鸟的丰度受到湿地洪水和干旱的影响[48]。干旱、洪水会导致湿地植物数量和质量发生巨大变化。同时，不适当的水文条件导致的物候不匹配可以解释雁类种群的动态变化[49]，本研究结果也从侧面验证了这一结果。2018 年是枯水年，由于洲滩出露时间提前，雁类到达时食物资源的生物量高，食物质量低，导致早期水资源衰退[2,5]。2020 年（洪水年）的高水位环境表明食物资源供应不足[2]。上述因素均会限制越冬雁类的栖息地范围，因为只有特定的洪泛区域才能满足雁类的栖息要求。

平水年的水文条件对越冬雁类是有利的，而干旱和洪水年份则相反，在低水位和高水位下，季节性洪泛区面积会减少，导致可用栖息地减少[50]。干旱和洪水年份雁类数量减少，这意味着雁类可能面临更多的食物短缺问题。由于地形，子湖在越冬季提供了更高的栖息地异质性，这对越冬候鸟的栖息地维护起到了积极作用[50,51]。无论是洪水年还是枯水年，子湖的单位面积适宜栖息地的比例都大于其他区域。这意味着，在极端水文条件下，子湖对鄱阳湖越冬水鸟的栖息地调节有更大的灵活性。因此，管理者可以根据越冬雁类的栖息要求，通过联合调节不同子湖的水位，为不同的子湖制订水位管理计划，控制每个子湖的水位，以确保在水文异常年份为越冬水鸟提供更有效的觅食栖息地。

极端洪水年份会对雁类产生非常显著的负面效应[52]。本研究发现，2018 年和 2019 年，雁类对水田等人工湿地的利用比例较低，而在 2020 年，这一比例达 9%。尽管人工湿地由于临近道路和居民点，作为水鸟栖息地的质量并不高，但是由于雁类因其形态特征和觅食需求，无法进入深水区域觅食停留，因此，极端洪水迫使它们向人工湿地迁移以寻找替代栖息地觅食[53,54]。

3.7 本章小结

根据 SAR 数据得出的淹没时长指数分析鄱阳湖越冬雁类栖息地分布变化。结果表明，越冬雁类在平水年的分布更为广泛，这可能与平水年洪泛区面积较大有关，而在枯水年和洪水年的分布更为集中。适宜的栖息地面积在平水年更大，面积为 1 331 km^2，而在枯水和洪水年则较小，面积分别为 714 km^2 和 764 km^2。子湖在洪水年和枯水年发挥着更重要的作用，单位面积适宜生境的比例高于全湖水平。基于雷达数据的淹没时长指数有助于研究水文时空特征变化对水鸟栖息地的影响，为湿地的科学利用与保护提供重要依据。

参考文献

[1] WEN L，MACDONALD R，MORRISON T，et al. From hydrodynamic to hydrological modelling：investigating long-term hydrological regimes of key wetlands in the Macquarie marshes，a semi-arid lowland floodplain in Australia[J]. Journal of Hydrology，2013，500：45-61.

[2] GUAN L，WEN L，FENG D D，et al. Delayed flood recession in central Yangtze floodplains can cause significant food shortages for wintering geese：results of inundation experiment[J]. Environmental Management，2014，54(6)：1331-1341.

[3] XIA S X，LIU Y，WANG Y Y，et al. Wintering waterbirds in a large river floodplain：Hydrological connectivity is the key for reconciling development and conservation[J]. Science of the Total Environment，2016，573：645-660.

[4] ACREMAN M C，FISHER J，STRATFORD C J，et al. Hydrological science and wet-

land restoration: some case studies from Europe[J]. Hydrology and Earth System Sciences, 2007, 11(1): 158-169.

[5] ZHANG P Y, ZOU Y A, XIE Y H, et al. Shifts in distribution of herbivorous geese relative to hydrological variation in East Dongting Lake wetland, China[J]. Science of the Total Environment, 2018, 636: 30-38.

[6] TENG J K, XIA S X, LIU Y, et al. Assessing habitat suitability for wintering geese by using Normalized Difference Water Index (NDWI) in a large floodplain wetland, China [J]. Ecological Indicators, 2021, 122: 1-10.

[7] YAO S Y, LI X Y, LIU C L, et al. New assessment indicator of habitat suitability for migratory bird in wetland based on hydrodynamic model and vegetation growth threshold[J]. Ecological Indicators, 2020, 117: 1-8.

[8] HU Z, GE G, LIU C. Response of wintering migratory birds to hydrological processes in Poyang Lake [J]. Journal of Natural Resources, 2014, 29(10): 1770-1779.

[9] NAJIBI N, DEVINENI N. Recent trends in the frequency and duration of global floods [J]. Earth System Dynamics, 2018, 9(2): 757-783.

[10] JAVELLE P, OUARDA T B M J, LANG M, et al. Development of regional flood-duration-frequency curves based on the index-flood method[J]. Journal of Hydrology, 2002, 258(1/2/3/4): 249-259.

[11] ZHANG Q, WERNER A D. Hysteretic relationships in inundation dynamics for a large lake-floodplain system[J]. Journal of Hydrology, 2015, 527: 160-171.

[12] GHARARI S, RAZAVI S. A review and synthesis of hysteresis in hydrology and hydrological modeling: Memory, path-dependency, or missing physics? [J]. Journal of Hydrology, 2018, 566: 500-519.

[13] RÄTTICH M, MARTINIS S, WIELAND M. Automatic flood duration estimation based on multi-sensor satellite data[J]. Remote Sensing, 2020, 12(4): 643.

[14] YANG M Y, XIA S X, LIU G H, et al. Effect of hydrological variation on vegetation dynamics for wintering waterfowl in China's Poyang Lake Wetland[J]. Global Ecology and Conservation, 2020, 22: 1-6.

[15] FENG L, HU C M, CHEN X L, et al. Assessment of inundation changes of Poyang Lake using MODIS observations between 2000 and 2010[J]. Remote Sensing of Environment, 2012, 121: 80-92.

[16] JIANG W, HE G J, LONG T F, et al. Multilayer perceptron neural network for surface water extraction in landsat 8 OLI satellite images[J]. Remote Sensing, 2018, 10 (5): 755.

[17] YANG X C, QIN Q M, GRUSSENMEYER P, et al. Urban surface water body detection with suppressed built-up noise based on water indices from Sentinel-2 MSI im-

agery[J]. Remote Sensing of Environment, 2018, 219: 259-270.
[18] BIORESITA F, PUISSANT A, STUMPF A, et al. A method for automatic and rapid mapping of water surfaces from sentinel-1 imagery[J]. Remote Sensing, 2018, 10(2): 217.
[19] KONAPALA G, KUMAR S V, KHALIQUE AHMAD S. Exploring Sentinel-1 and Sentinel-2 diversity for flood inundation mapping using deep learning[J]. ISPRS Journal of Photogrammetry and Remote Sensing, 2021, 180: 163-173.
[20] WONG B A, THOMAS C, HALPIN P. Automating offshore infrastructure extractions using synthetic aperture radar & Google Earth Engine[J]. Remote Sensing of Environment, 2019, 233: 2-10.
[21] JACOBY D M P, FREEMAN R. Emerging network-based tools in movement ecology [J]. Trends in Ecology & Evolution, 2016, 31(4): 301-314.
[22] CLAUSEN K K, MADSEN J, COTTAAR F, et al. Highly dynamic wintering strategies in migratory geese: Coping with environmental change[J]. Global Change Biology, 2018, 24(7): 3214-3225.
[23] SI Y L, XIN Q C, PRINS H H T, et al. Improving the quantification of waterfowl migration with remote sensing and bird tracking[J]. Science Bulletin, 2015, 60(23): 1984-1993.
[24] FRASER K C, SHAVE A, SAVAGE A, et al. Determining fine-scale migratory connectivity and habitat selection for a migratory songbird by using new GPS technology [J]. Journal of Avian Biology, 2017, 48(3): 339-345.
[25] SUN C Z, KÖNIG H J, UTHES S, et al. Protection effect of overwintering water bird habitat and defining the conservation priority area in Poyang Lake wetland, China [J]. Environmental Research Letters, 2020, 15(12): 125013.
[26] PATRICK DONNELLY J, KING S L, SILVERMAN N L, et al. Climate and human water use diminish wetland networks supporting continental waterbird migration[J]. Global Change Biology, 2020, 26(4): 2042-2059.
[27] FENG L, HAN X X, HU C M, et al. Four decades of wetland changes of the largest freshwater lake in China: Possible linkage to the Three Gorges Dam? [J]. Remote Sensing of Environment, 2016, 176: 43-55.
[28] HAN X X, FENG L, HU C M, et al. Wetland changes of China's largest freshwater lake and their linkage with the Three Gorges Dam[J]. Remote Sensing of Environment, 2018, 204: 799-811.
[29] GUAN L, LEI J L, ZUO A J, et al. Optimizing the timing of water level recession for conservation of wintering geese in Dongting Lake, China[J]. Ecological Engineering, 2016, 88: 90-98.

[30] DE LEEUW J, SI Y L, ZENG Y D, et al. Mapping flood recessional grasslands used by overwintering geese: a multi-temporal remote sensing application[C]//ISPRS 2006: ISPRS mid-term symposium 2006 remote sensing: from pixels to processes. Enschede: ITC, 2006: 5.

[31] OTSU N. A threshold selection method from gray-level histograms[J]. IEEE Transactions on Systems, Man, and Cybernetics, 1979, 9(1): 62-66.

[32] ZHAO C P, QIN C Z, TENG J K. Mapping large-area tidal flats without the dependence on tidal elevations: a case study of Southern China[J]. ISPRS Journal of Photogrammetry and Remote Sensing, 2020, 159: 256-270.

[33] SHI L L, WANG Y Y, JIA Y F, et al. Vegetation cover dynamics and resilience to climatic and hydrological disturbances in seasonal floodplain: the effects of hydrological connectivity[J]. Frontiers in Plant Science, 2017, 8: 2196.

[34] TENG J K, XIA S X, LIU Y, et al. An integrated model for prediction of hydrologic anomalies for habitat suitability of overwintering geese in a large floodplain wetland, China[J]. Journal of Environmental Management, 2023, 331: 1-10.

[35] WEI J, XIN Q C, JI L Y, et al. A new satellite-based indicator to identify spatiotemporal foraging areas for herbivorous waterfowl[J]. Ecological Indicators, 2019, 99: 83-90.

[36] CUMMING G S, PAXTON M, KING J, et al. Foraging guild membership explains variation in waterbird responses to the hydrological regime of an arid-region flood-pulse river in Namibia[J]. Freshwater Biology, 2012, 57(6): 1202-1213.

[37] JIA Q, WANG X, ZHANG Y, et al. Drivers of waterbird communities and their declines on Yangtze River floodplain lakes[J]. Biological Conservation, 2018, 218: 240-246.

[38] TENG J K, XIA S X, LIU Y, et al. Differences of regulative flexibility between hydrological isolated and connected lakes in a large floodplain: insight from inundation dynamics and landscape heterogeneity[J]. Water, 2020, 12(4): 991.

[39] ABDIKAN S, SANLI F B, USTUNER M, et al. Land cover mapping using SENTINEL-1 SAR data[J]. ISPRS-International Archives of the Photogrammetry, Remote Sensing and Spatial Information Sciences, 2016, 41B7: 757-761.

[40] MARKERT K N, MARKERT A M, MAYER T, et al. Comparing sentinel-1 surface water mapping algorithms and radiometric terrain correction processing in Southeast Asia utilizing google earth engine[J]. Remote Sensing, 2020, 12(15): 2469.

[41] HU B J, HU X R, NIE X, et al. Seasonal and inter-annual community structure characteristics of zooplankton driven by water environment factors in a sub-lake of Lake Poyang, China[J]. PeerJ, 2019, 7: 1-8.

[42] LIU X G, ZHANG Q, LI Y L, et al. Satellite image-based investigation of the seasonal

variations in the hydrological connectivity of a large floodplain (Poyang Lake, China) [J]. Journal of Hydrology, 2020, 585: 1-10.

[43] ZHANG L L, YIN J X, JIANG Y Z, et al. Relationship between the hydrological conditions and the distribution of vegetation communities within the Poyang Lake National Nature Reserve, China[J]. Ecological Informatics, 2012, 11: 65-75.

[44] YUAN S B, YANG Z D, LIU X Q, et al. Water level requirements of a Carex hygrophyte in Yangtze floodplain lakes[J]. Ecological Engineering, 2019, 129: 29-37.

[45] WANG X, ZHANG Y, ZHAO M J, et al. The benefits of being big: effects of body size on energy budgets of three wintering goose species grazing carex beds in the Yangtze River floodplain, China[J]. Journal of Ornithology, 2013, 154(4): 1095-1103.

[46] ZHU Z T, HUAI W X, YANG Z H, et al. Assessing habitat suitability and habitat fragmentation for endangered Siberian cranes in Poyang Lake region, China[J]. Ecological Indicators, 2021, 125: 1-9.

[47] CUI Y L, DONG B, CHEN L N, et al. Study on habitat suitability of overwintering cranes based on landscape pattern change-a case study of typical lake wetlands in the middle and lower reaches of the Yangtze River[J]. Environmental Science and Pollution Research International, 2019, 26(15): 14962-14975.

[48] ROYAN A, HANNAH D M, REYNOLDS S J, et al. River birds' response to hydrological extremes: New vulnerability index and conservation implications[J]. Biological Conservation, 2014, 177: 64-73.

[49] ZHANG P Y, ZOU Y A, XIE Y H, et al. Phenological mismatch caused by water regime change may explain the population variation of the vulnerable lesser white-fronted goose in east Dongting Lake, China[J]. Ecological Indicators, 2021, 127: 1-10.

[50] JANKOWIAK Ł, ŁAWICKI Ł. Marginal habitats as important refugia for riparian birds during flood years[J]. Bird Study, 2014, 61(1): 125-129.

[51] HU Z, ZHANG Z, LIU Y, et al. The function and significance of the Shallow-Lakes in the Poyang Lake wetland ecosystem [J]. Jiangxi Hydraulic Science & Technology, 2015, 41(5): 317-323.

[52] KAJTOCH Ł, FIGARSKI T. Short-term restoration of riverine bird assemblages after a severe flood[J]. Bird Study, 2013, 60(3): 327-334.

[53] BENNETTS R E, KITCHENS W M, DREITZ V J. Influence of an extreme high water event on survival, reproduction, and distribution of Snail Kites in Florida, USA [J]. Wetlands, 2002, 22(2): 366-373.

[54] KNUTSON M G. Declines in abundance and species richness of birds following a major flood on the upper Mississippi River[J]. The Auk, 1997, 114(3): 367-380.

第 4 章　湿地植被指标和雁类栖息地的关系

候鸟栖息地可分为三种类型：繁殖地、越冬地和停歇地[1]。水文节律通过改变湿地的特征，如植被特征、栖息地特征（大小，景观特征），进而对水鸟的种群、数量造成影响[2-4]。而水文节律导致的水深、淹没时长的变化也会影响食物可获取性，最终影响水鸟对栖息地的选择[5,6]。鄱阳湖越冬水鸟栖息地受到水文条件的影响，不同水文状态会导致雁类适宜栖息地的变化，而适宜的水文条件会使栖息地维持最佳状态[7]。

雁类食源植物资源评估需要两类参数：一是植物指标，包括植物类型、株高、生物量、营养元素含量等[8,9]；二是植物可供雁类取食的阈值范围[10]。传统的研究方法主要通过原位观测方法确定植物特征及分布[11]，但该方法存在野外工作耗时、耗力，监测频率较低，数据存在一定的偏差等局限[12]。对环境空间异质性的表达不足，导致使用单一样点的数据估算区域范围的结果准确性低[13]。植被指数可以识别食物资源随时间的生长变化特征[14,15]，是建立遥感数据与食物资源关系的桥梁，是雁类食物资源评估的有效手段[16]。越冬雁类更喜欢取食早期生长阶段的植物，这些植物一般低纤维、高蛋白且容易消化[17]，因此识别植物早期生长阶段，对雁类食物资源的空间格局监测至关重要。综合地面实测数据和遥感数据，利用植物生长物候特征识别植物适宜取食的植被指数区间，可实现雁类食物资源的准确评估。

本章主要内容为关键植被指数的提取结果，并分析植被指数与雁类分布的关键阈值，揭示雁类分布对不同水文情景的响应特征。结合植被指数与实地调查的生物量数据，进行全湖生物量的反演，找到雁类适宜取食的食物资源，并为雁类适宜栖息地模型提供数据基础和关键参数。

4.1　数据来源及方法

4.1.1　增强型植被指数(EVI)提取计算方法

多光谱遥感凭借能够同时获取光谱特征与空间图像信息的优势，在地面监测领域得到广泛应用。由于不同地物具有独特的光谱特性，同一地物在相同波段的辐射能量也存在差异，因此不同波段所获取的图像也各不相同。多光谱遥感不仅可以依据图像的形态结构来区分地物，还能够通过光谱信息的差异进行精准判别。

欧洲航天局（ESA）的 Sentinel-2 卫星是高分辨率多光谱成像卫星，由 Sentinel-2A 和 Sentinel-2B 两颗卫星协同工作，可对陆地表面进行全面、系统的覆盖。该卫星携带的多光谱成像仪 MSI，具备 13 个谱段，光谱分辨率在 15～180 nm 之间，空间分辨率分别为 10 m（可见光）、20 m（近红外）和 60 m（短波红外）。Sentinel-2 数据属于开源产品，能够提供 1B 级（上层大气辐射）、1C 级（上层大气反射）和 2A 级（底层大气反射）三级数据产品。

在本研究中，选用 Sentinel-2 多光谱数据进行增强型植被指数（EVI）的计算，具体计算过程如下：

（1）去除云及云影遮蔽影响。为规避阴影干扰，研究采用 QA60 云遮罩带对云层进行过滤。

（2）计算中位数。鉴于越冬季植被在 12 月出露面积最大，本研究选取 2018 年 12 月、2019 年 12 月和 2020 年 12 月这三个时间段的鄱阳湖地区 Sentinel-2 数据，通过计算每个栅格位置在当月所有影像的中位数，来表征每月植被特征的平均状况。

（3）植被指数计算。基于遥感技术计算的植被指标，常用于反映植被绿度[18,19]，在相关研究中应用广泛。其中，增强植被指数（EVI）改进了植被生产力监测方法，展现出良好的应用前景。

公式如下：

$$\mathrm{EVI} = 2.5 \times \frac{\rho_{\mathrm{nir}} - \rho_{\mathrm{red}}}{\rho_{\mathrm{nir}} + 6 \times \rho_{\mathrm{red}} - 7.5 \times \rho_{\mathrm{blue}} + 1} \tag{4-1}$$

式中，ρ_{blue}表示 Sentinel-2 数据的蓝色波段，ρ_{red}表示红色波段，ρ_{nir}表示近红外波段。

以上计算过程均在 Google Earth Engine 云平台上进行处理。

4.1.2 野外调查数据

2020 年 11 月 27 日至 2020 年 12 月 6 日，对鄱阳湖湿地雁类适宜栖息地进行实地调查，记录点位用以实地验证。调查位置选定在雁类集中分布和栖息的鄱阳湖保护区和南矶山保护区。所设实地调查点均为雁类最适宜栖息的区域。到达调查点后进行现场勘察，观察水鸟分布较多且调查人员可到达区域，调查子湖为：常湖池、大湖池、池州湖、上深湖、三泥湾和山南湖。调查过程中调查人员对调查子湖观测到的雁类数量及适宜栖息地特征进行了记录，并同时记录了适宜栖息地的经纬度位置信息，作为雁类适宜栖息地模型的实地验证数据。此外，还记录了样方内调查物种名称、植株高度、盖度、土壤水分、温度、盐度等。

对鄱阳湖湿地雁类调查的同时也进行了植被样方调查（图 4-1）。植被样方调查范围涵盖碟形湖区域，包括常湖池、大湖池、池州湖、上深湖、战备湖、三泥湾、山南湖及修水周围草洲。到达调查点后进行现场勘察、采样，包括布置样地、确定样方和实地采样。根据植被分布趋势和长势特征，采集了研究区内植被地上生物量。

布置样地：以调查点为单位，将样方框随机放置在地上，样方之间距离≥20 m，用 GPS 记录或用显眼的物体标记样带两端的位置。

样方设置：每个调查点选取 3 条样带（相当于 3 个重复），在样带每个植被区内等距离设

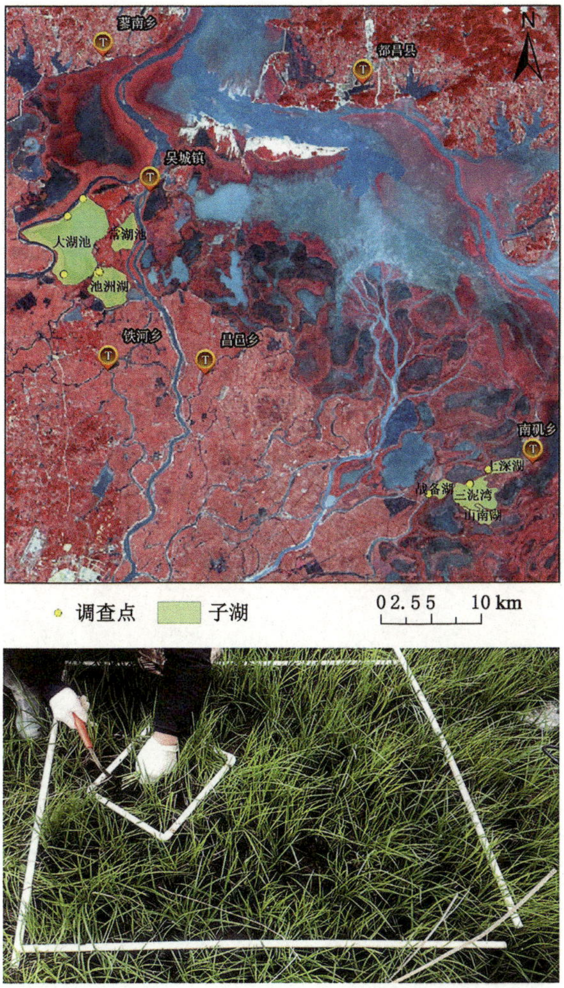

图 4-1　植被调查点位置分布及植被样方调查现场

置 3 个 1 m×1 m 的样方作为 3 个重复，每个调查点共设置 9 个小样方。记录调查物种名称、植株高度、盖度、土壤水分、温度、盐度等。

生物量测量：在 1 m×1 m 实验样方周围选择株高和盖度一致的植株，采用收割法采集植物地上部分，取样规格为 0.25 m×0.25 m，将采集样本装入信封编号后称湿重。植物样品在南昌大学实验室进行室内处理。将采集的样品置于烘箱中，60 ℃烘至恒重，测定并记录植株干重、含水量。

4.2　湿地植被指标提取结果

鄱阳湖水文节律驱动了湿地植被生长变化，不同年份由于水文情况不同，同一时期植被状况呈现较大的差异。通过对遥感影像的处理分析获取了鄱阳湖 2018—2020 年 12 月份植被分布的平均状态。

如图 4-2 和图 4-3 所示，2018 年、2019 年和 2020 年鄱阳湖全湖平均增强型植被指数(EVI)分别为 0.07、0.12 和 0.07。从空间分布来看，EVI 高值区域主要集中在湖泊河道周边。与其他两年相比，2019 年 EVI 值大于 0 的区域面积最大，达 2 172 km²，2018 年和 2020 年该面积分别为 1 798 km² 和 1 655 km²。研究显示，雁类更偏好取食 EVI 值在 0.1～0.2 范围内的植被，2018—2020 年该区间植被面积依次为 526 km²、694 km² 和 520 km²。EVI 低值区域主要为长期淹水水面，其中 2020 年 EVI 小于 0 的区域面积最大，为 2 549 km²，2018 年和 2019 年分别为 2 393 km² 和 2 032 km²。

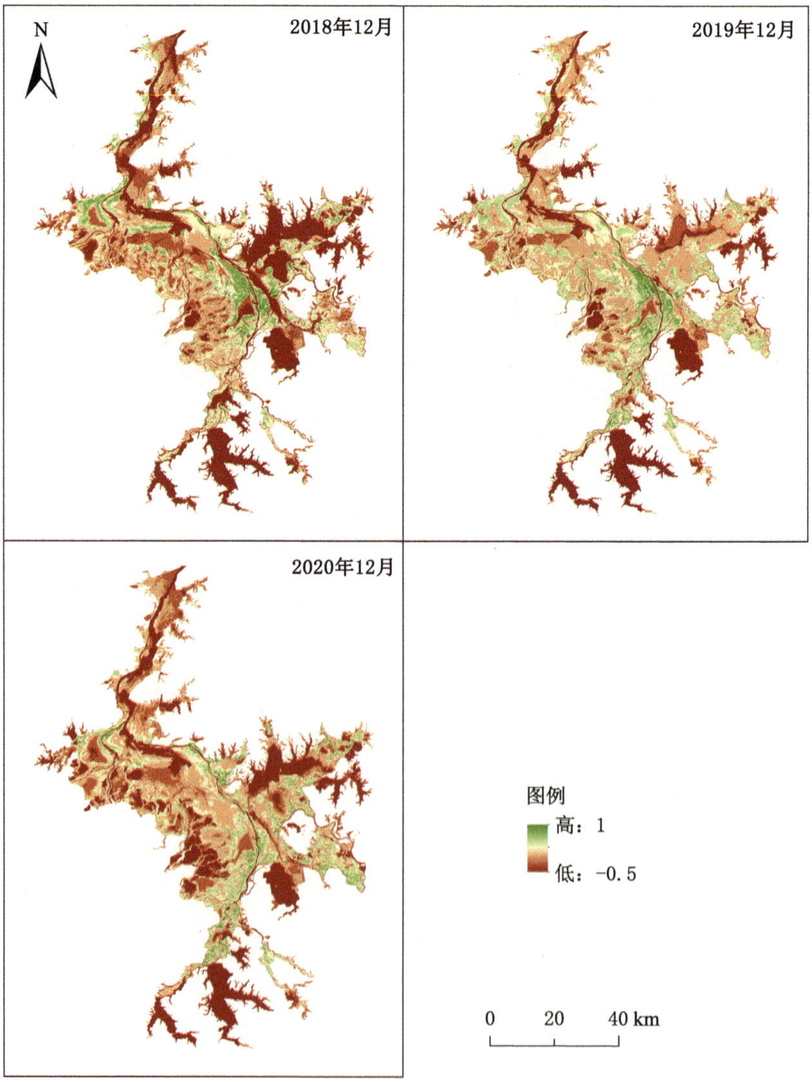

图 4-2　鄱阳湖 2018—2020 年 EVI 时空分布图

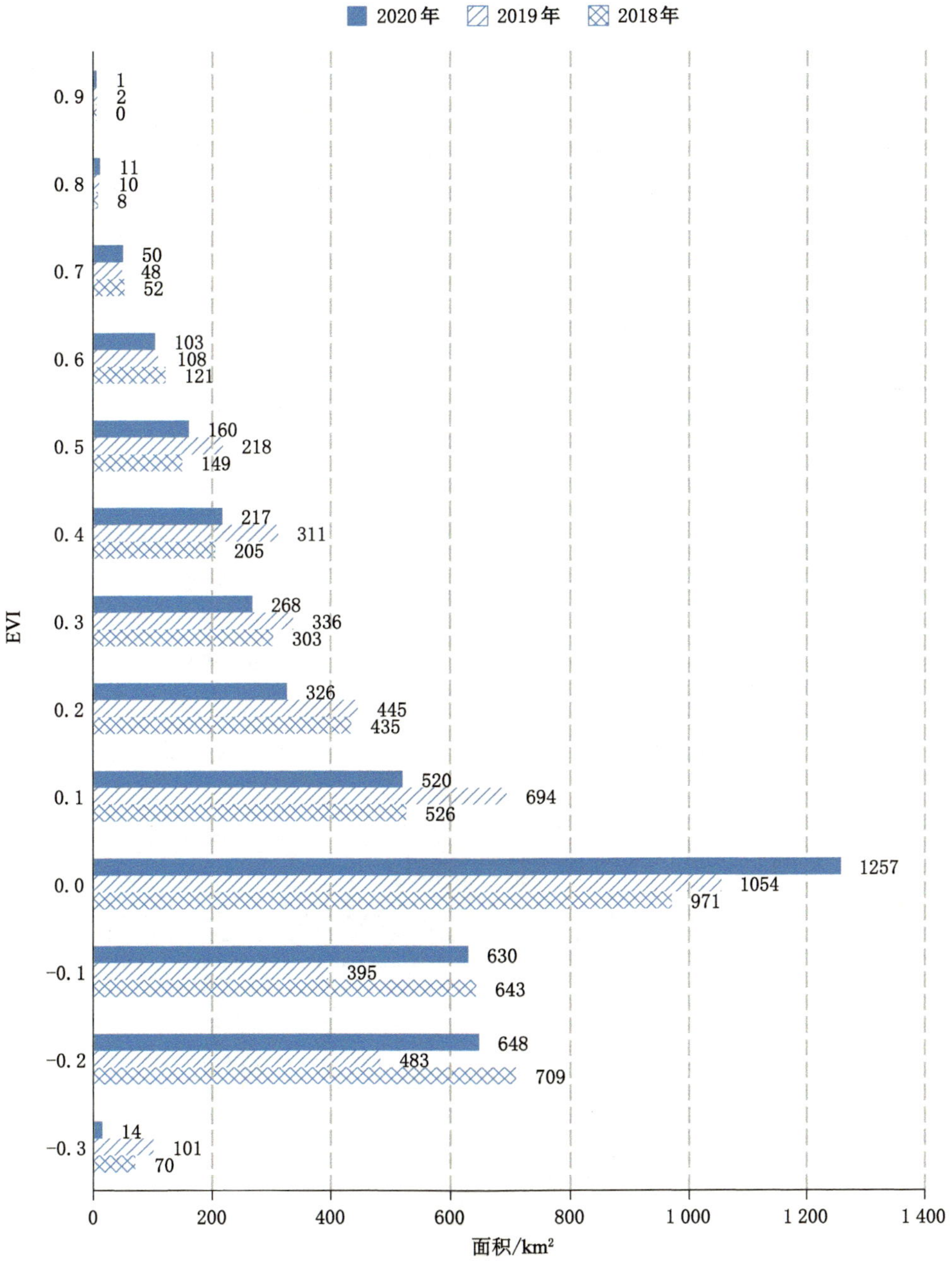

图 4-3　鄱阳湖 2018—2020 年不同 EVI 对应面积变化图

4.3 雁类分布对湿地植被指数变化的响应

从 2018 年增强型植被指数(EVI)与雁类分布概率的关系图(图 4-4)可见,以雁类分布概率大于 2%且概率之和超过 50%为划分界限,2018 年的阈值区间为 0.04～0.28,此区间内雁类分布概率之和达 63.45%,大于 50%,且雁类分布概率峰值为 3.26%,对应 EVI 值(EVI_{max})为 0.11。2019 年,雁类分布概率大于 2%的阈值区间为 0.06～0.20,该区间内概率之和为 50%,分布概率峰值为 4.87%,对应 EVI_{max} =0.07。2020 年,雁类分布概率大于

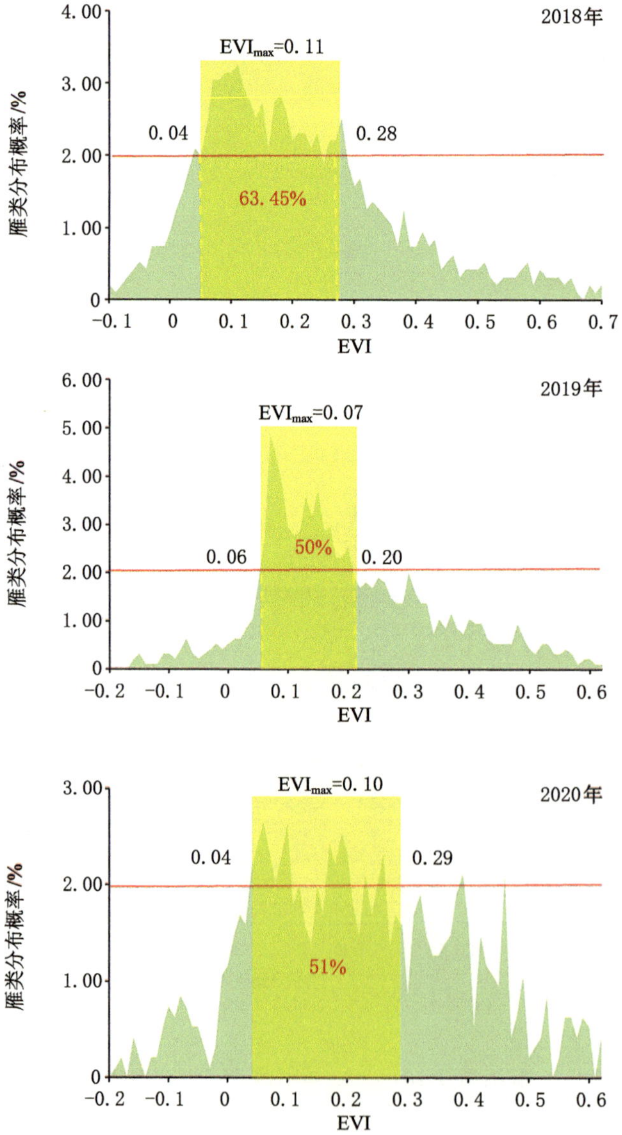

图 4-4 2018—2020 年鄱阳湖越冬季 EVI 和雁类分布概率的关系

2%的阈值区间为 0.04～0.29，该区间内概率之和为 51%，分布概率峰值为 2.64%，对应 EVI_{max}=0.10。

对比 2018—2020 年数据发现，平水年（2019 年）的 EVI 阈值分布最为集中，枯水年（2018 年）次之，洪水年（2020 年）的 EVI 阈值分布则极为分散。这一规律与 FD 指数和雁类分布概率的关系相反——FD 指数在 2019 年的阈值分布最分散，2018 年次之，2020 年最为集中。

4.4　典型水文年雁类觅食地及时空格局变化

4.4.1　遥感生物量反演

考虑到苔草生长过程中生物量积累并非呈线性递增趋势，本研究在相关性分析的基础上，以增强型植被指数（EVI）为自变量、地上生物量（AGB）为因变量，开展增强型植被指数与生物量的单变量回归分析，以筛选最优遥感估算模型。研究共选取 4 种回归函数模型对生物量进行估算，分别为线性函数[图 4-5(a)]、二项式函数[图 4-5(b)]、指数函数[图 4-5(c)]和三项式函数[图 4-5(d)]。

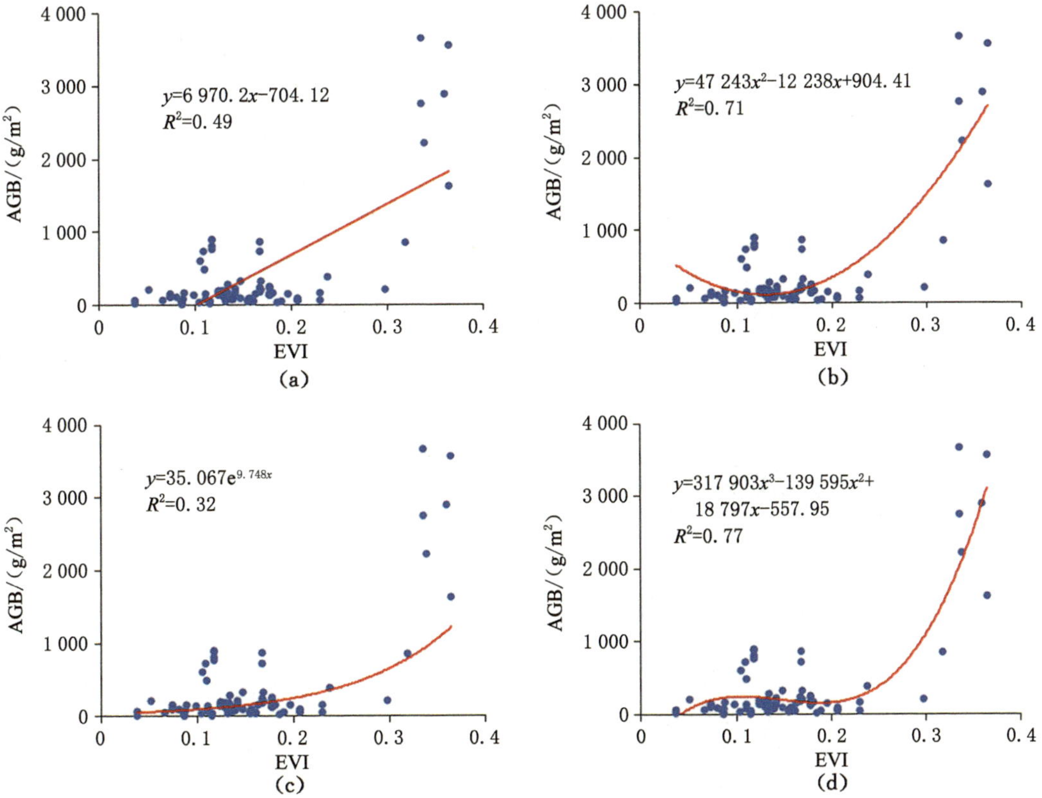

图 4-5　植被生物量（AGB）及 EVI 之间的拟合关系

从拟合结果来看，指数型函数拟合效果较差，相关系数(R^2)仅为 0.32；线性函数拟合效果略优于指数型函数，但在生物量高值区域存在明显拟合偏差。二项式函数和三项式函数的拟合优度较高，R^2 均大于 0.7，但二项式函数的变化趋势与实际生物量积累过程不符——当 EVI 小于 0.12 时，模型预测生物量反而呈现增加趋势，这与植被生长的实际规律相悖。

综合考虑拟合优度与生物学合理性，三项式函数为最优选择，其 R^2 达 0.77，既能较好地反映生物量与植被指数的非线性关系，也与此前针对鄱阳湖遥感拟合生物量的研究中所选用的最佳拟合函数一致[20]。基于该拟合公式，本研究计算了 2018—2019 年 12 月份生物量的空间分布变化(图 4-6)。对于拟合结果中生物量小于 0 g/m² 的区域(主要为水面或其他非植被生长区域)，统一赋值为 0 g/m²，即生物量为 0 g/m²。

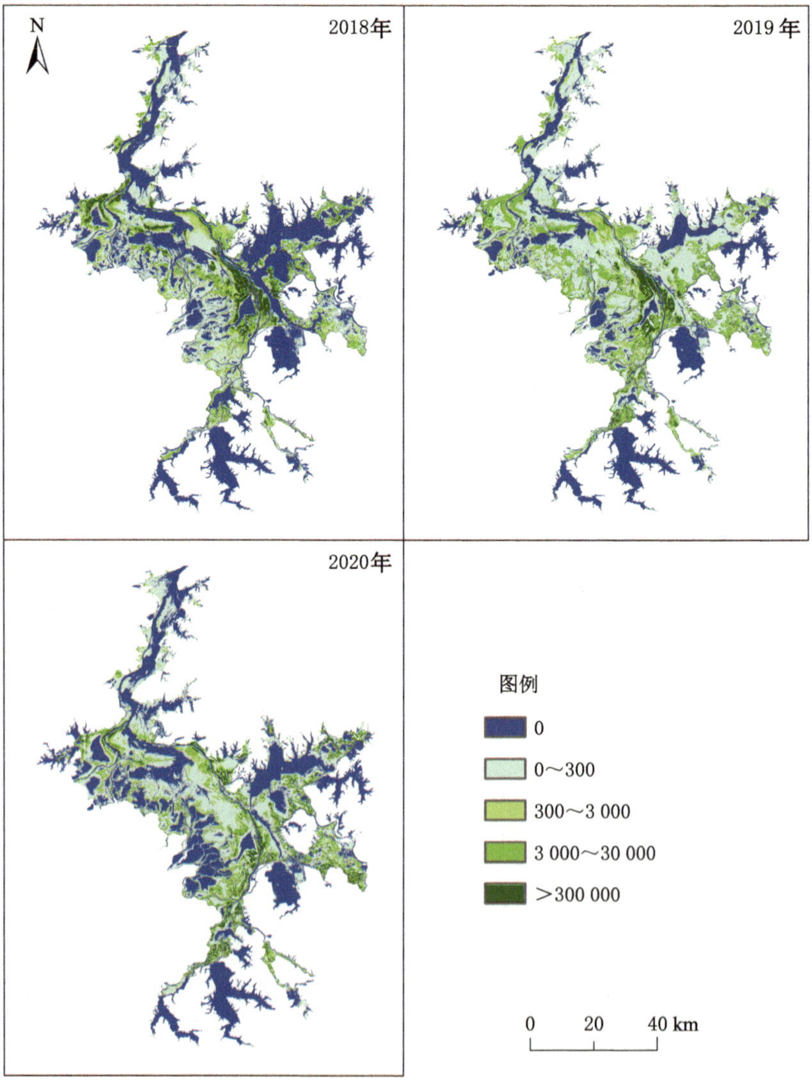

图 4-6　2018—2019 年鄱阳湖越冬季植被生物量空间分布变化

4.4.2 典型水文年鄱阳湖越冬季植被生物量时空分布格局

根据最优拟合函数计算 2018—2020 年鄱阳湖全湖生物量时空分布，拟合结果为负值的区域重新设置为 0。三年中，2019 年 12 月鄱阳湖全湖生物量最大，总量为 14 848 t；2018 年 12 月鄱阳湖全湖生物量次之，总量为 13 066 t；2020 年生物量为 12 876 t，为三年中最小值。从空间分布上看，生物量高值区域主要分布在河道周围的滩地上，2018 年碟形湖周围植被生物量也呈现较高水平。中低生物量植被分布范围较广，在水体周围的泥滩草洲均有分布。生物量为 0 g/m² 的区域主要是长期淹水水体和沙地等无植被地段。

从全湖生物量面积统计结果来看(图 4-7)，2019 年生物量大于 0 g/m² 的区域面积最大，2020 年与 2018 年该面积差异较小。苔草生物量通常分布在 0～300 g/m² 区间[20]，其中 2019 年该区间面积最大，为 1 373 km²，占全湖面积的 36％；2020 年次之，面积 1 161 km²，占

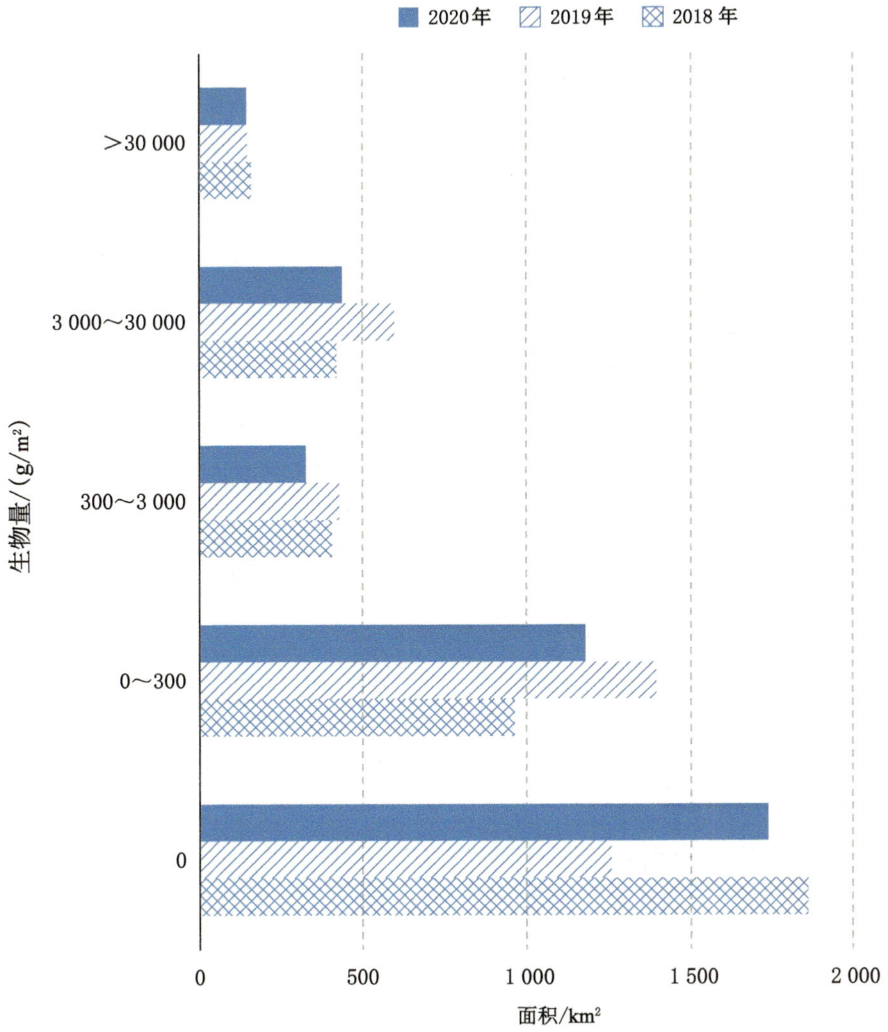

图 4-7　鄱阳湖全湖不同生物量分布面积

比 31%;2018 年最小,为 950 km^2,占比 25%。此外,2018—2020 年生物量高于 30 000 g/m^2 的区域面积占比均为 4%,三年保持一致。

枯水年(2018 年)全湖生物量总量(13 066 t)高于洪水年(2020 年,12 876 t),但生物量大于 0 的面积却小于 2020 年。这一现象表明,与 2020 年同期相比,2018 年植被可能处于更成熟的生长阶段。

如表 4-1 所示,2018—2020 年期间,自由连通子湖的总生物量均高于局部管控子湖的总生物量,其中 2020 年两者差异最为显著,自由连通子湖的平均总生物量比局部管控子湖高出 106.57 kg/m^2。具体来看:2018 年局部管控子湖的平均总生物量为 88.45 kg/m^2,自由连通子湖为 119.71 kg/m^2,两者差值为 29.71 kg/m^2,为三年中最小。2019 年局部管控子湖的平均总生物量为 107.82 kg/m^2,自由连通子湖为 137.54 kg/m^2,差值扩大至 29.72 kg/m^2。总体而言,自由连通子湖的生物量积累水平在各年份均显著优于局部管控子湖。

表 4-1　局部管控和自由连通子湖的总生物量　　单位:kg/m^2

编号	名称	连通性	总生物量		
			2018 年	2019 年	2020 年
0	战备湖	局部管控	2.86	25.65	0.51
1	下深湖	局部管控	34.32	114.95	51.00
2	常湖	局部管控	1.70	6.05	0.06
3	朱湖	局部管控	12.17	58.03	82.06
5	三泥湾	局部管控	27.29	181.30	161.43
6	白沙湖	局部管控	8.50	175.05	321.35
16	上北甲	局部管控	10.34	32.55	87.55
17	下北甲	局部管控	1 310.75	693.11	386.62
19	大湖池	局部管控	1.07	1.07	0.03
20	梅西湖	局部管控	0.17	0.07	0.04
22	中湖池	局部管控	1.18	4.05	0.20
23	上段湖	局部管控	48.01	210.05	279.52
24	下段湖	局部管控	369.13	814.40	1 228.73
26	神塘湖	局部管控	8.82	18.23	10.84
28	石湖	局部管控	1.42	7.39	2.40
33	大伍湖	局部管控	0.53	2.00	0.23
36	常湖池	局部管控	14.66	80.30	143.48
37	象湖	局部管控	30.07	32.12	95.42
40	沙湖	局部管控	3.19	21.18	0.84
43	董家湖	局部管控	0.05	1.00	0.02
46	大莲子湖	局部管控	221.11	141.32	127.03
47	朱市湖	局部管控	0.00	0.01	0.00

表 4-1(续)

编号	名称	连通性	总生物量		
			2018 年	2019 年	2020 年
4	三湖	自由连通	7.10	43.62	61.76
7	林充湖	自由连通	8.13	88.28	29.94
8	西湖	自由连通	9.92	25.84	32.68
9	程家池	自由连通	1 099.61	929.21	560.90
10	王罗湖	自由连通	0.17	6.85	1.87
11	北口湾	自由连通	0.22	0.34	1.30
12	草湾湖	自由连通	2.72	25.92	24.67
13	蚌湖	自由连通	2.35	8.58	0.17
14	大车荒	自由连通	0.22	2.56	8.89
15	大沙坊湖	自由连通	2.69	22.49	1.01
18	边湖	自由连通	1.81	8.75	8.15
21	独洲湖	自由连通	1.83	16.75	20.33
25	金溪湖	自由连通	4.10	3.84	11.31
27	杨坊湖	自由连通	8.73	113.53	8.27
29	山南湖	自由连通	1.10	0.64	1.22
30	盘湖	自由连通	0.74	7.86	1.04
31	北汊湖	自由连通	2.72	13.12	9.62
32	晚湖	自由连通	2.27	6.42	1.95
34	饭湖	自由连通	1 776.21	1 757.58	262.23
35	交汊湖	自由连通	10.68	13.57	11.89
38	大汊湖	自由连通	28.42	105.02	42.94
39	铜扒湖	自由连通	1.77	6.59	1.17
41	沙塘池	自由连通	1.65	17.26	6.42
42	蚕豆湖	自由连通	3.04	36.06	6.85
44	泥湖	自由连通	1.24	20.91	5.22
45	东湖	自由连通	90.87	183.54	207.47
48	七金湖	自由连通	0.61	0.88	0.74

4.5 讨　论

水位波动(包括淹水节律、淹水时长)不仅会影响雁类栖息地的空间范围和可达性,还是驱动湿地植被变化的核心因素[21]。尤其是苔草作为雁类的主要食物来源,对水文条件的变化极为敏感。研究表明,植被指数与退水时间呈显著相关[22],高植被指数虽可能反映较高的生物量或覆盖率,但未必代表雁类食物质量更优[22,23]。

本章关于增强型植被指数(EVI)与雁类分布概率的分析也印证了这一结论:两者的变化趋势呈现先升高后降低的非线性关系,且2019年EVI阈值分布集中,2018年和2020年则更为分散。这一现象的成因与鄱阳湖水文、植被及雁类分布概率的相互作用密切相关,尤其是水文变化对雁类适宜栖息地的影响。

在2019年平水年,适宜的水文条件为雁类提供了广阔的栖息空间和丰富的食物资源,雁类可在较大范围内选择适口性最佳、处于早期生长阶段的植被取食。因此,该年份的FD指数阈值范围较宽,而EVI指数阈值分布集中。

干旱或洪水事件则会压缩雁类适宜栖息地的空间,使其被迫局限于特定淹水时长的区域。例如,2018年枯水年因水位低导致退水提前且速度过快,苔草出露时间与雁类迁徙到达时间不同步,迫使雁类扩大觅食范围,取食刚出露或已成熟的植被。对比前章雁类分布概率对FD指数的响应特征,2020年洪水年的高水位降低了栖息地可达性,导致FD阈值范围缩小;同时,长时间淹没使植被发育滞后,苔草生物量显著下降[4],雁类适宜取食的植被量不足,呈现出FD指数阈值范围小、EVI指数阈值范围大的特征。

植被生物量积累是一个随生长时间递增的过程。2019年因水文条件最佳,鄱阳湖全湖总生物量达最大值,但生物量大于0区域的单位生物量却最小,表明该年份处于早期生长阶段的植被占比最高。由于雁类更偏好取食鲜嫩、易消化的植被,平水年的栖息地适宜性因此最优。相比之下,枯水年生物量大于0区域的单位生物量最大,说明同期植被生长阶段较其他年份更为成熟。

4.6 本章小结

本章主要完成了雁类栖息地关键环境指标的提取,并分析了雁类对FD、EVI的响应特征。平水年,雁类分布概率在FD指数区间内更为分散;而枯水年和洪水年,受极端水文条件影响,雁类分布概率在FD指数上的分布更为集中。平水年EVI阈值范围最为集中(0.06~0.20),洪水年(如2018年和2020年)EVI阈值范围则更为分散,分别为0.04~0.28和0.04~0.29。结论如下:雁类能够对环境变化作出适应性响应。在干旱、洪水等极端水文条件下,其栖息空间被显著压缩,迫使雁类扩大可取食植被的生长阶段区间,以满足自身生存需求。

参考文献

[1] 胡振鹏,葛刚,刘成林.越冬候鸟对鄱阳湖水文过程的响应[J].自然资源学报,2014,29(10):1770-1779.

[2] TAN Z Q,ZHANG Q,LI M F,et al. A study of the relationship between wetland vegetation communities and water regimes using a combined remote sensing and hydraulic modeling approach[J]. Hydrology Research,2016,47(S1):278-292.

[3] WEN L,MACDONALD R,MORRISON T,et al. From hydrodynamic to hydrological modelling:investigating long-term hydrological regimes of key wetlands in the Macquarie marshes,a semi-arid lowland floodplain in Australia[J]. Journal of Hydrology,2013,500:45-61.

[4] GUAN L,WEN L,FENG D D,et al. Delayed flood recession in central Yangtze floodplains can cause significant food shortages for wintering geese:results of inundation experiment[J]. Environmental Management,2014,54(6):1331-1341.

[5] CHEN B,CUI P,XU H G,et al. Assessing the suitability of habitat for wintering Siberian cranes(leucogeranus leucogeranus)at different water levels in Poyang Lake area,China[J]. Polish Journal of Ecology,2016,64(1):84-97.

[6] ZOU Y A,TANG Y,XIE Y H,et al. Response of herbivorous geese to wintering habitat changes:conservation insights from long-term population monitoring in the East Dongting Lake,China[J]. Regional Environmental Change,2017,17(3):879-888.

[7] WANG Y Y,JIA Y F,GUAN L,et al. Optimising hydrological conditions to sustain wintering waterbird populations in Poyang lake national natural reserve:Implications for dam operations[J]. Freshwater Biology,2013,58(11):2366-2379.

[8] 于超. 越冬小天鹅对食物资源变化的功能反应和行为适应[D]. 合肥:安徽大学,2020.

[9] 郑猛. 食物资源时空变化对越冬白头鹤(Grus monacha)觅食行为的影响 [D]. 合肥:安徽大学,2014.

[10] 孟竹剑,夏少霞,于秀波,等. 鄱阳湖越冬雁类食源植被适宜取食时间窗口[J]. 生态学报,2018,38(21):7539-7548.

[11] YU C,ZHOU L Z,MAHTAB N,et al. The influence of food density,flock size,and disturbance on the functional response of bewick's swans (Cygnus columbianus bewickii) in wintering habitats[J]. Animals,2019,9(11):946.

[12] COLE E F,LONG P R,ZELAZOWSKI P,et al. Predicting bird phenology from space:satellite-derived vegetation green-up signal uncovers spatial variation in phenological synchrony between birds and their environment[J]. Ecology and Evolution,2015,5(21):5057-5074.

[13] HINKS A E,COLE E F,DANIELS K J,et al. Scale-dependent phenological synchrony between songbirds and their caterpillar food source[J]. The American Naturalist,2015,186(1):84-97.

[14] GUAN L,LEI J L,ZUO A J,et al. Optimizing the timing of water level recession for conservation of wintering geese in Dongting Lake,China[J]. Ecological Engineering,2016,88:90-98.

[15] WU X X,LV M,JIN Z Y,et al. Normalized difference vegetation index dynamic and spatiotemporal distribution of migratory birds in the Poyang Lake wetland,China[J].

Ecological Indicators,2014,47:219-230.

[16] MØLLER A P,RUBOLINI D,LEHIKOINEN E. Populations of migratory bird species that did not show a phenological response to climate change are declining[J]. Proceedings of the National Academy of Sciences of the United States of America, 2008,105(42):16195-16200.

[17] CONG P H,WANG X,CAO L,et al. Within-winter shifts in lesser white-fronted GooseAnser erythropusDistribution at east Dongting Lake,China[J]. Ardea,2012, 100(1):5-11.

[18] GARROUTTE E,HANSEN A,LAWRENCE R. Using NDVI and EVI to map spatiotemporal variation in the biomass and quality of forage for migratory elk in the greater Yellowstone ecosystem[J]. Remote Sensing,2016,8(5):404.

[19] PETTORELLI N,VIK J O,MYSTERUD A,et al. Using the satellite-derived NDVI to assess ecological responses to environmental change[J]. Trends in Ecology & Evolution,2005,20(9):503-510.

[20] 饶滴滴,于秀波,李鹏,等. 鄱阳湖碟形湖泊(常湖池)春季苔草生物量遥感估算 [J]. 自然资源学报,2019,34(9): 2001-2011.

[21] ZHANG L L,YIN J X,JIANG Y Z,et al. Relationship between the hydrological conditions and the distribution of vegetation communities within the Poyang Lake National Nature Reserve,China[J]. Ecological Informatics,2012,11:65-75.

[22] ZHANG P Y,ZOU Y A,XIE Y H,et al. Shifts in distribution of herbivorous geese relative to hydrological variation in East Dongting Lake wetland,China[J]. Science of the Total Environment,2018,636:30-38.

[23] WEI J,XIN Q C,JI L Y,et al. A new satellite-based indicator to identify spatiotemporal foraging areas for herbivorous waterfowl[J]. Ecological Indicators,2019,99:83-90.

第 5 章　雁类适宜栖息地模拟及精度验证

人口数量增长及人类活动扩张对全球生态系统和生物多样性产生了深刻影响，水利工程建设、水资源过度利用、湿地退化及狩猎等行为，均导致全球生物多样性呈下降趋势[1]。与此同时，人类在湿地开展的日常活动（如出行、捕鱼等），也可能对水鸟的正常活动造成干扰。研究表明，人为干扰会减少水鸟的摄食时间[2]，使其警惕性提高并提前离开栖息地[3]；当人类出现在水鸟适宜觅食区域时，还会迫使水鸟转移至低质量觅食区，进而影响其空间分布[4]。

因此，在构建雁类适宜栖息地模型时，人类干扰因子被列为重要指标。本研究通过提取人类活动高密度区域（如道路、居民点）并建立缓冲区，将其作为模型的关键参数。本章在提取并计算人类活动干扰因子的基础上，结合第 3 章的淹没时长指数和第 4 章的植被指数，通过构建生境适宜度模型，对平水年、枯水年和洪水年的雁类栖息地适宜性进行评估，并利用 GPS 追踪数据和水鸟实地调查数据对模型结果进行验证。

5.1　干 扰 因 子

高分一号卫星作为中国高分辨率对地观测系统的首发卫星，于 2013 年 4 月 26 日成功发射。其搭载的 GF-1PMS 相机具备强大的成像能力，可获取 2 m 分辨率的全色黑白图像、8 m 分辨率的多光谱彩色图像（涵盖蓝、绿、红、近红外 4 个波段），以及经多光谱与全色融合后的 2 m 真彩产品。此外，卫星还配备四台 16 m 分辨率的多光谱相机，在保持相近空间分辨率的同时，大幅缩短地区重访周期，仅需 4 天即可对同一区域进行重复拍摄。在本研究中，通过对高分影像进行解译，提取道路和居民点信息，将其作为人类活动干扰因子。鄱阳湖雁类干扰因子时空分布图如图 5-1 所示。

通过对高分数据进行土地利用分类，绘制出对雁类具有干扰作用的道路和居民点空间分布图。依据距离衰减函数理论，研究设定居民点的影响范围为 400 m，道路的影响范围为 200 m，并以此构建威胁距离栖息地最大距离的缓冲区[5,6]。通常情况下，距离道路和人类活动密集区域越近，雁类出现的概率越低，这一规律可用线性函数进行量化表达。

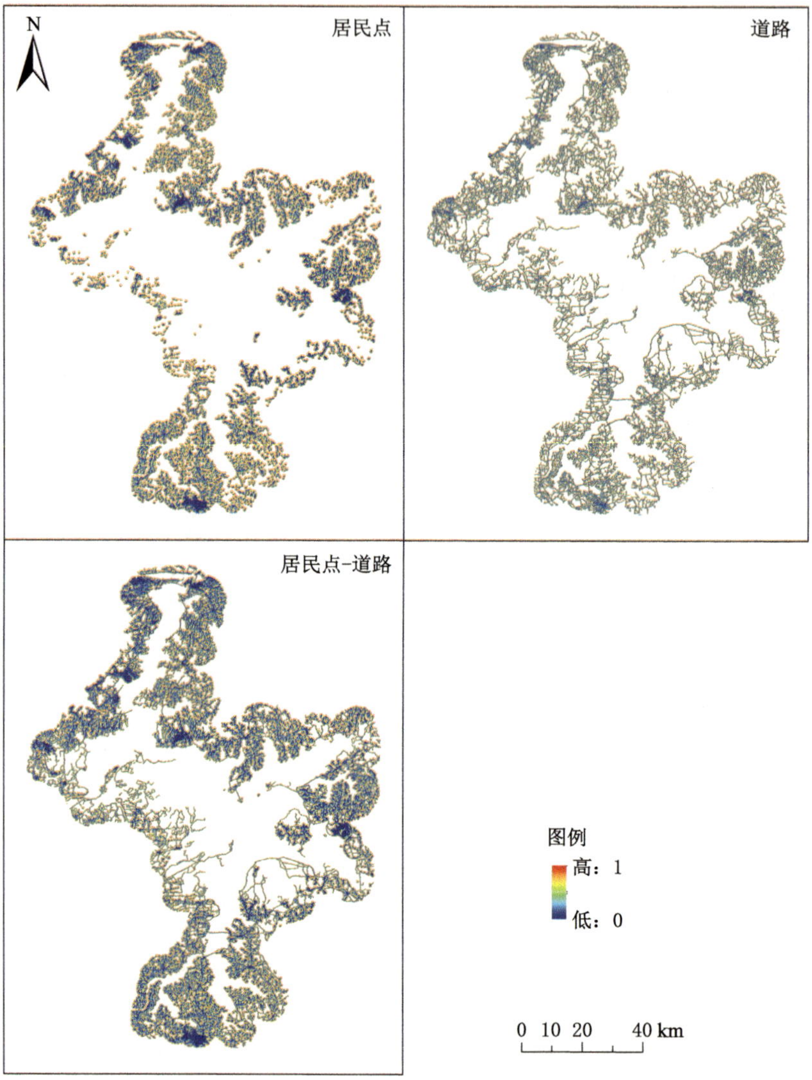

图 5-1　鄱阳湖雁类干扰因子时空分布图

$$\mathrm{IF}=\begin{cases}\dfrac{d_r}{d_{\max}}, d_r \leqslant d_{\max} \\ 1, d_r \geqslant d_{\max}\end{cases} \tag{5-1}$$

式中，d_r 是干扰因子 r 和目标地点之间的线性距离，$d_{\max}$ 是干扰因素 r 的最大影响范围。

利用高分遥感影像解译获取鄱阳湖湿地周边 2 m 分辨率的居民地、道路、码头等人类活动密集区数据，以此表征干扰因子。

通过将居民点图层与道路图层叠加，计算每个栅格的最大值，最终在 Ecognition 和 Arcgis 中完成居民点-道路干扰因子(interference factor，IF)的提取。

经计算得到的干扰因子为 0～1 的无量纲指标，IF 值越接近 1，表明目标地点越靠近道路或人类活动密集区，雁类出现的概率越低。从空间分布看，干扰因子主要集中在鄱阳湖湿地外部，仅少部分道路和居民点分布于湿地内部，可能对雁类栖息觅食产生影响。本研究时间段为越冬季(12 月)，而鄱阳湖地区在外务工人员通常于 12 月底返乡过年，此时正值雁类种群数量峰值[5]。春节期间频繁的聚会和交通活动，会使居民点和道路产生较平时更强的干扰效应，水鸟通常会与人类活动区域保持一定安全距离。

5.2 鄱阳湖雁类适宜栖息地模型

如图 5-2 所示，通过分析 FD、EVI 与雁类分布概率之间的关系可知，三者变化趋势均呈现先升高后降低的特征。

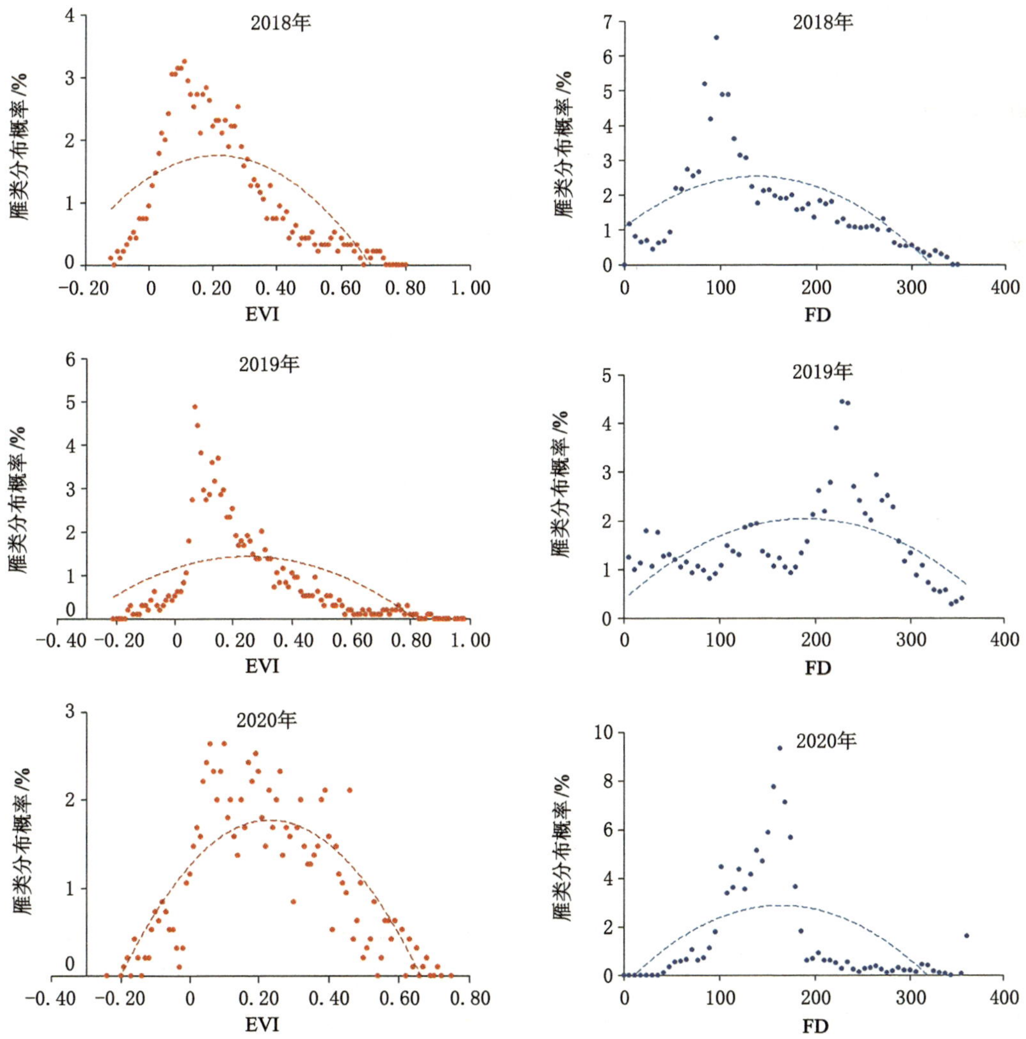

图 5-2 二项式函数拟合的雁类分布概率与 FD、EVI 关系图

基于此，本研究分别采用二项式拟合与分段线性函数拟合两种方法进行数据处理。由表 5-1 结果显示，二项式拟合的整体效果欠佳，FD 和 EVI 指数均未达到理想的拟合效果，尤其是在分布概率峰值区域，拟合偏差更为明显。仅 2020 年 EVI 指数与雁类分布概率的拟合效果较好($R^2=0.7$)，其余年份及指标的拟合效果均不理想。

表 5-1　二项式函数公式及 R^2

	EVI		FD	
	拟合公式	R^2	拟合公式	R^2
2018 年	$-0.000\,01x^2+0.000\,7x+0.008$	0.6	$-0.000\,03x^2+0.001\,3x+0.009\,7$	0.4
2019 年	$-0.000\,02x^2+0.001\,3x-0.005\,8$	0.5	$-0.00\,002x^2+0.001\,1x+0.003\,6$	0.3
2020 年	$-0.000\,01x^2+0.001\,1x-0.003\,5$	0.7	$-0.000\,05x^2+0.002\,7x-0.007\,9$	0.4

总的来说，尽管 FD 和 EVI 指数与雁类分布概率均呈现先增后减的倒 U 形趋势，在形态上与二项式函数相似，但二项式函数拟合存在局限性。该方法会平滑数据间的波动特征，导致雁类对栖息地的选择性偏好被弱化，无法精准反映其真实的栖息地选择倾向，因此不适用于本研究。通过细致观察图中变化趋势发现，FD 及 EVI 指数与雁类分布概率在特定阈值区间内呈现显著相关性。因此采用分段函数进行拟合，能够更好地反映其变化规律。

以雁类分布概率最大值对应的 FD 或 EVI 值为阈值，将函数分为左、右两段(分别记为 y_{left} 和 y_{right})进行分段线性拟合，如表 5-2 所示。从拟合结果(图 5-3)可见，分段线性函数能较好地反映雁类分布概率与 FD、EVI 之间的关系。

表 5-2　分段线性函数拟合公式及 R^2

		EVI		FD	
		拟合公式	R^2	拟合公式	R^2
2018 年	y_{left}	$0.156\,9x+0.014\,2$	0.9	$0.000\,4x-0.002\,6$	0.7
	y_{right}	$-0.048\,1x+0.031\,4$	0.9	$-0.000\,1x+0.046\,2$	0.8
2019 年	y_{left}	$0.053\,5x+0.008\,7$	0.6	$0.000\,05x+0.008\,8$	0.3
	y_{right}	$-0.04\,8x+0.030\,1$	0.6	$-0.000\,3x+0.101\,5$	0.8
2020 年	y_{left}	$0.082\,7x+0.014\,1$	0.8	$0.000\,5x-0.01\,6$	0.8
	y_{right}	$-0.037\,7x+0.026\,8$	0.8	$-0.000\,2x+0.063\,2$	0.4

如图 5-3 所示，分段线性函数对 FD、EVI 指数与雁类分布概率的拟合效果显著，尤其在峰值区域表现优异。对比 FD 和 EVI 的拟合效果发现，分段线性函数对 EVI 与雁类分布概率的拟合更为理想，相关系数(R^2)均大于 0.6。相较之下，2019 年 FD 指数的左段函数(y_{left})和 2020 年 FD 指数的右段函数(y_{left})拟合效果较差，R^2 均小于 0.5。

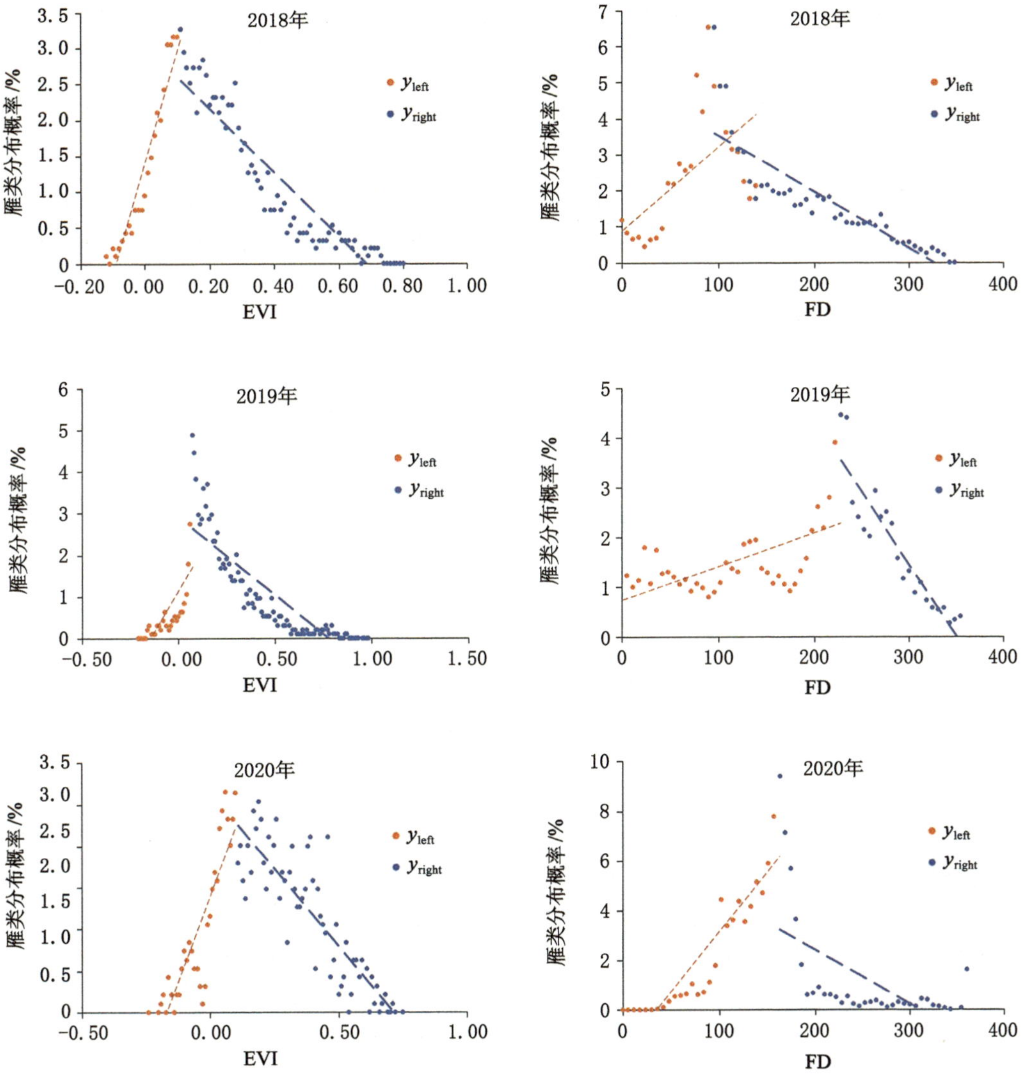

图 5-3　分段线性函数拟合的雁类分布概率与 FD、EVI 关系图

经过分段线性函数拟合，得到了 FD、EVI 与雁类分布概率的函数关系，拟合效果整体符合变化趋势。因此在构建函数模型中选择分段线性函数进行拟合。通过函数转换，将原本复杂的非线性关系优化为随自变量增加而增大的线性关系，为构建雁类适宜栖息地模型提供了拟合函数参数。

基于函数拟合公式，将 FD 和 EVI 指数代入公式进行转换：

$$F_t = \begin{cases} y_{left}, F < F_{max} \\ y_{rigt}, F \geqslant F_{max} \end{cases} \quad (5\text{-}2)$$

式中，F 为 FD 或 EVI 指数；F_{max} 为雁类分布概率最大时对应的 FD 或 EVI 值；y_{left} 和 y_{right} 根

据表 5-2 计算；F_t为转换后指数。

经过函数转换进行归一化处理，得到 FD_t 和 EVI_t。

在本研究中，HIS 模型由淹没时长指数（FD）、增强型植被指数（EVI）和干扰因子（IF）计算而来。FD、EVI 和雁类分布概率的关系并非线性递增关系，因此须先对相关指数进行函数转换，再代入模型计算。

生境适宜度指数（habitat suitability index，HSI）依据物种与栖息地变量间的函数关系构建，因此，HIS 模型可以简单并且易于理解的方式表达环境因子对物种分布的影响。HSI 模型具有多种表达形式，一般为：

$$\mathrm{HSI} = \frac{1}{n}(F_1 + F_2 + \cdots + F_n) \tag{5-3}$$

式中，F_i为第 i 个环境因子，n 为变量个数，HSI 是一个无单位的 0、1 之间的标准化测度，0 代表不适合，1 代表条件最佳。

5.3 模型精度验证

5.3.1 GPS 数据验证

本研究中，水文条件采用全年淹水频率，植被因子选用 12 月的增强型植被指数（EVI），因此基于该数据构建的 2018—2020 年每年 12 月的栖息地模拟结果最为准确。相应地，在模型验证环节，也选取 12 月份的 GPS 数据作为验证依据。

在用于模型验证的全部 GPS 数据（占总数据量 20%）中，仅保留 12 月数据进行分析。由于雁类适宜栖息地模型输出结果为 0～1 的连续变量，本研究将模拟值大于 0.7 的区域界定为高质量栖息地，即雁类适宜栖息区域。经统计分析，2018—2020 年雁类适宜栖息地模型的模拟精度如下：2018 年共 1 193 个验证点，其中 999 个位于适宜栖息地范围内，精度达 83.7%；2019 年有 1 141 个验证点，926 个符合适宜栖息地标准，精度为 81.2%；2020 年验证点数量为 201 个，其中 163 个处于适宜区域，精度为 77.9%。综合三年数据，模型模拟的平均精度为 81%。具体见表 5-3 和图 5-4 至图 5-6。

表 5-3　适宜栖息地的 GPS 验证数据比例

年份	验证点总数	在适宜栖息地中点位数量	所占比例/%
2018	1 193	999	83.7
2019	1 141	926	81.2
2020	201	163	81

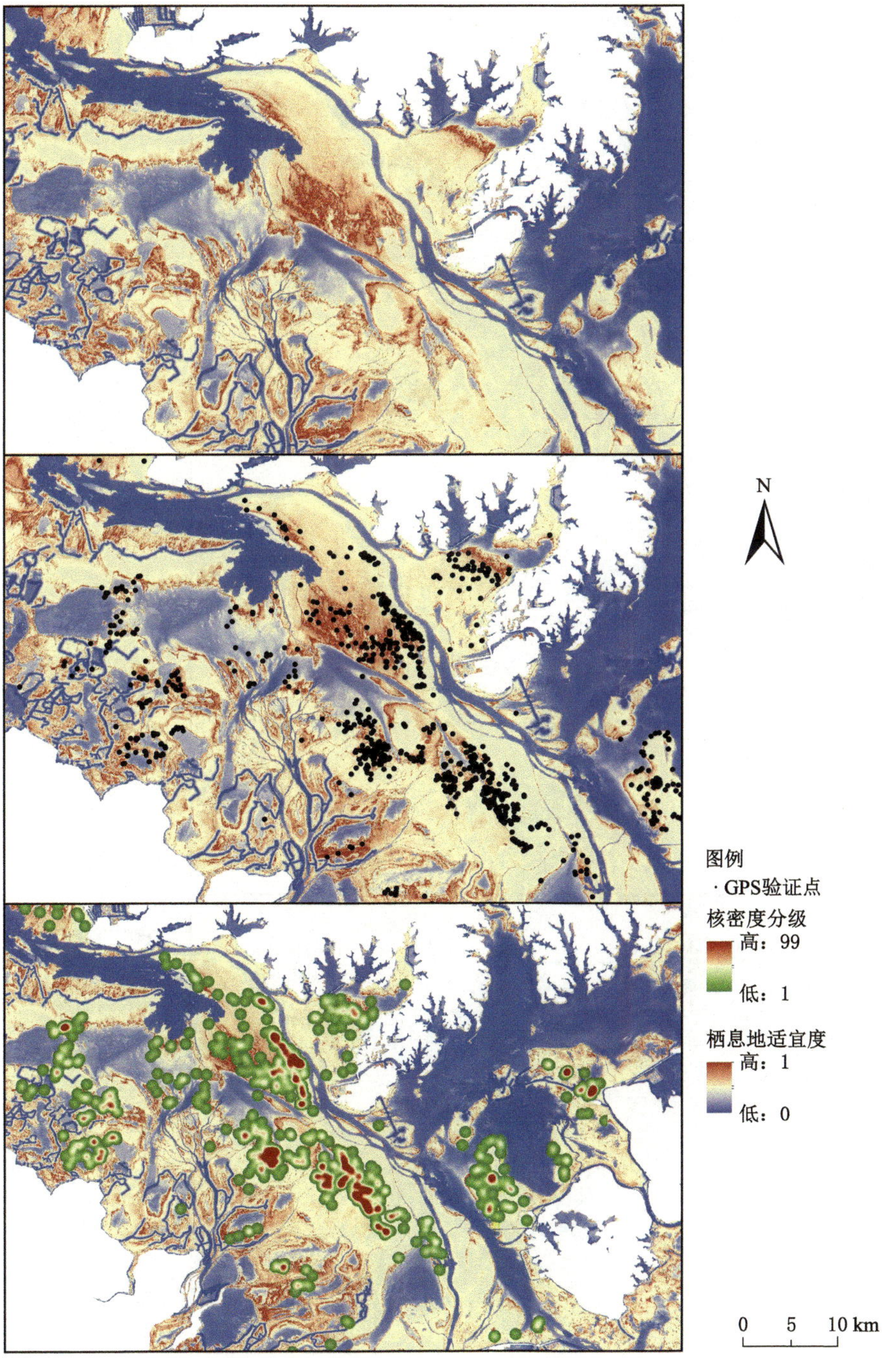

图 5-4　2018 年适宜栖息地 GPS 验证数据及家域分布图

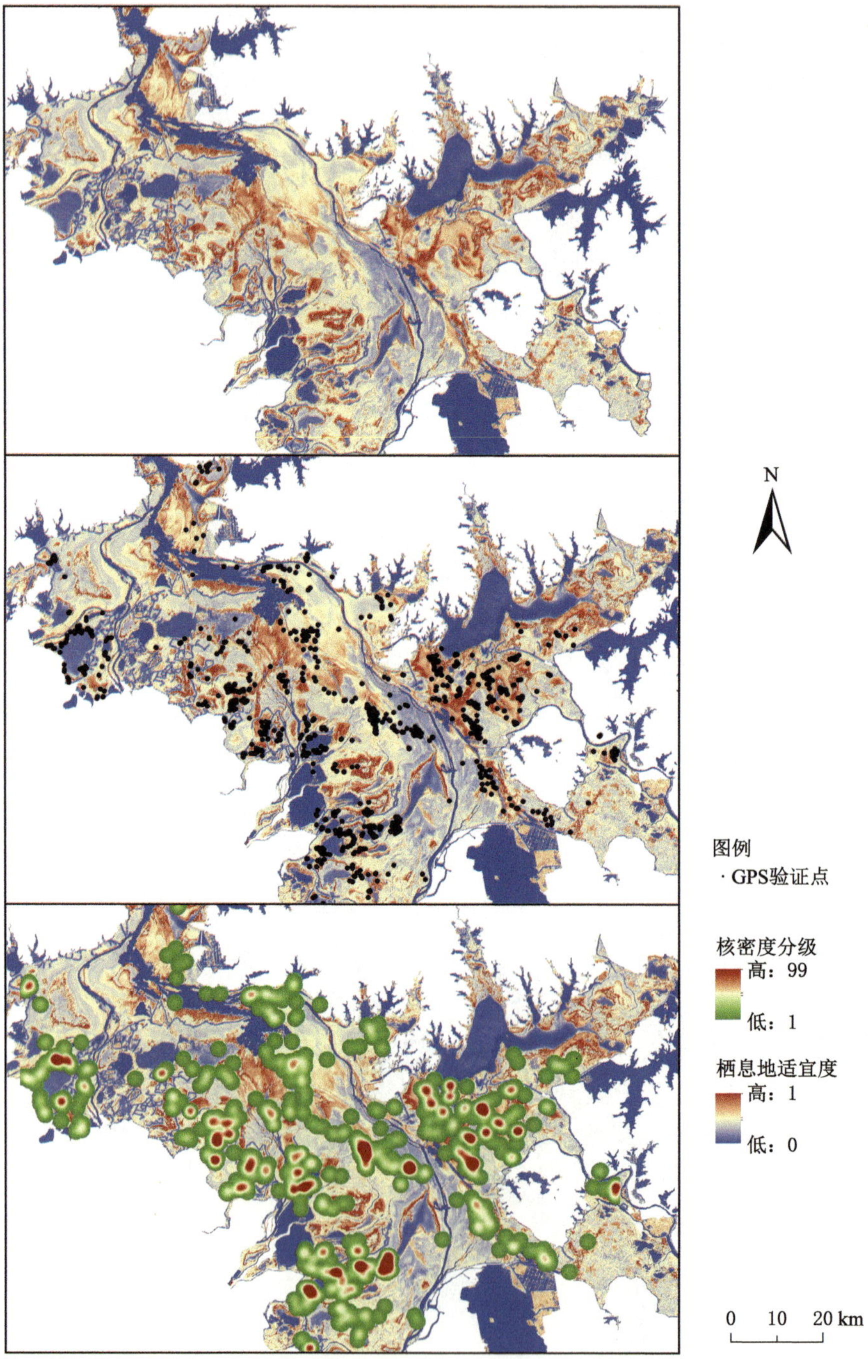

图 5-5　2019 年适宜栖息地 GPS 验证数据及家域分布图

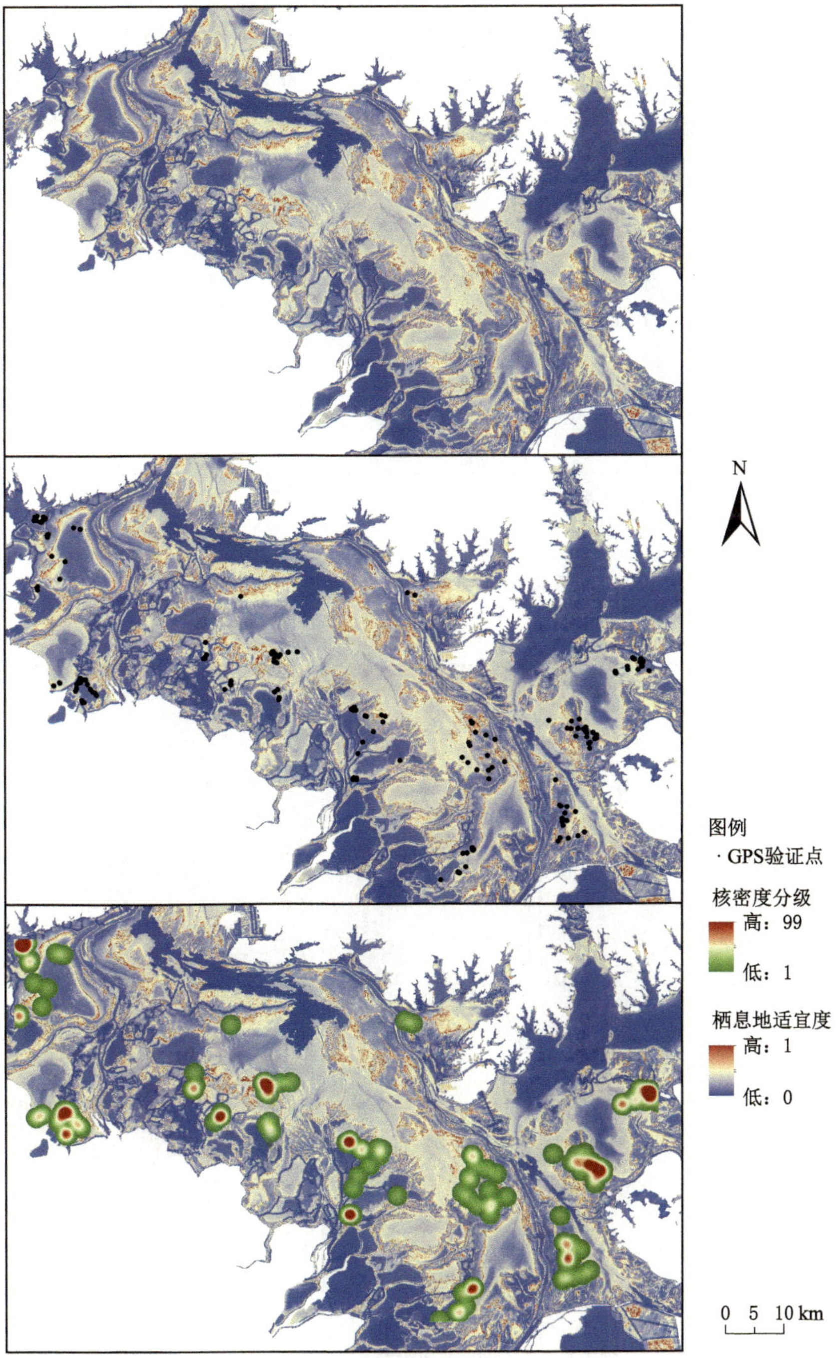

图 5-6　2020 年适宜栖息地 GPS 验证数据及家域分布图

5.3.2 实地调查验证

2020 年 11 月 27 日至 12 月 6 日，对鄱阳湖湿地雁类适宜栖息地开展实地调查，并将实际观测到的雁类栖息点位与 2020 年栖息地模拟结果进行空间叠合分析。结果显示，所有实地调查点位均分布于 2020 年雁类适宜栖息地模拟结果的高值区域。如图 5-7 所示，通过提取实地调查点位对应的模拟适宜性值发现，该值最小为 0.68，最大达 0.95，平均值为 0.87，表明模型模拟结果与实际观测情况具有较高一致性。实地调查雁类栖息觅食细节图见图 5-8。

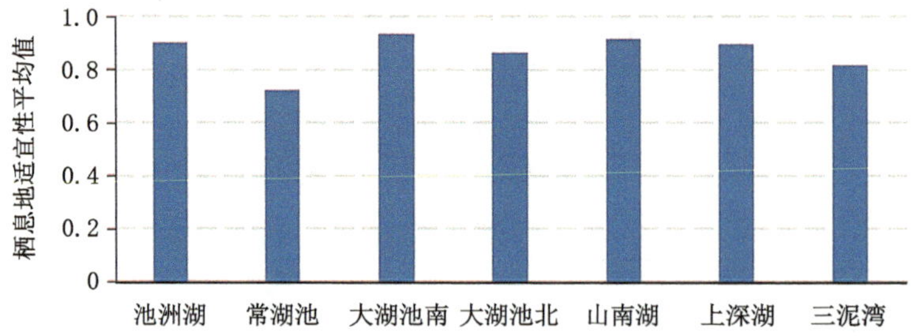

图 5-7　雁类栖息地实地调查样带与模型模拟结果

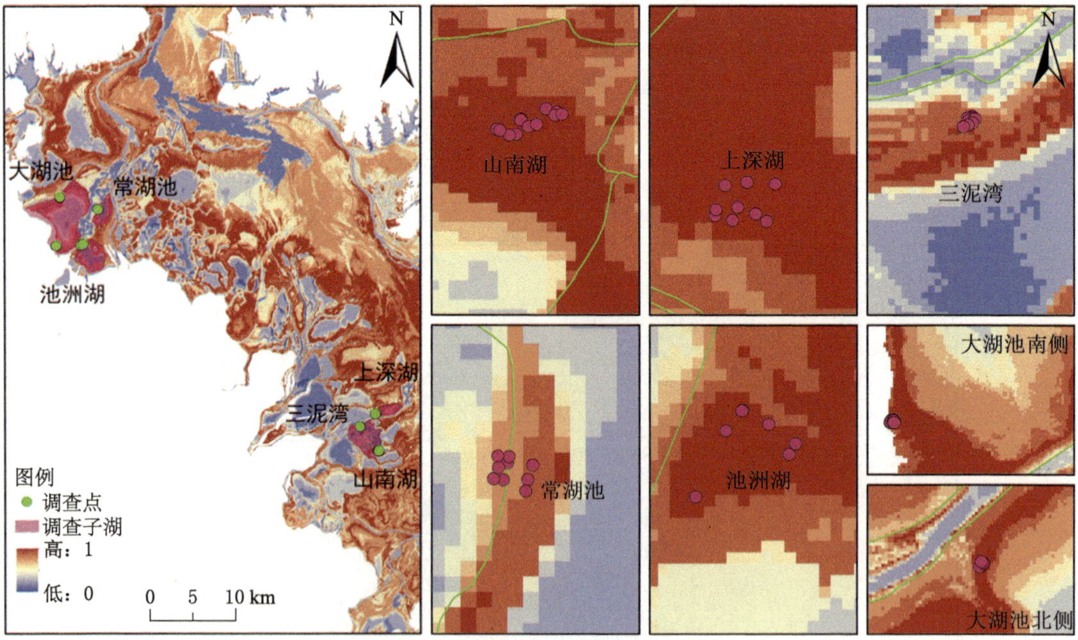

图 5-8　实地调查雁类栖息觅食细节图

（1）池州湖

在鄱阳湖国家级自然保护区的碟形湖，池州湖观测到雁类 880 只，其中豆雁 320 只；记录样点 21 个。该区域主要植被群落为苔草，植株最高高度为 59 cm，最低为 11 cm，平均高度为27.8 cm。植被覆盖度最大为 45%，最小仅为 15%，平均为 30%。在池州湖观测到了大量雁类粪便和取食痕迹。将样点对应 2020 年适宜栖息地模型模拟结果提取的平均值为 0.90。

(2) 大湖池

在鄱阳湖国家级自然保护区的碟形湖大湖池调查了两个位置：一个调查点在大湖池南侧，有大量水鸟在附近栖息，观察到雁类共计 5 000 只左右。该区域为泥滩与稀疏草洲混合地带，主要植被为苔草群落。植株高度最高为 49 cm，最低为 7 cm，平均为 32.1 cm。植被覆盖度最大为 70%，最小仅为 5%，平均为 24%。土壤湿度较大，平均值为 82.38%。记录的调查点发现了大量的雁类粪便、羽毛及取食痕迹(图 5-9)，是雁类栖息地适宜性高值区域。共记录样点 9 个，样点对应 2020 年适宜栖息地模型模拟结果的平均值为 0.87。

图 5-9　雁类取食区实地调查及雁类取食痕迹(摄于大湖池，2020 年 11 月 30 日)

另一个调查点在大湖池北侧，观测到雁类 500 只左右，记录样点 9 个。样点处以稀疏草洲为主。苔草为主要生长植被，植株高度最高为 20.5 cm，最低为 4 cm，平均为 9.4 cm；植被覆盖度最大为 35%，最小仅为 1%，平均为 9%。土壤湿度较大，平均值为 75.44%，与大湖池南侧相比处于更早的生长阶段。现场同样观测到了大量雁类取食的痕迹和粪便。样点对应 2020 年适宜栖息地模型模拟结果的平均值为 0.94。

(3) 三泥湾

在南矶湿地国家级自然保护区的碟形湖三泥湾观测到雁类 100 只左右。该区域主要植被群落为苔草，植株高度最高为 45 cm，最低为 12 cm，平均为 26 m。植被覆盖度最大为 70%，最小为 10%，平均为 30%。在三泥湾观测到雁类粪便和取食痕迹。采样点共计 9 个，样点对应 2020 年适宜栖息地模型模拟结果的平均值为 0.82。

(4) 常湖池

在鄱阳湖国家级自然保护区的碟形湖常湖池，调查期间(12 月)观测到约 10 只雁类。调查采用样带法，沿岸边至湖中心方向设置条带，每条带包含 3 个样点。区域植被呈现明显梯度分布：近岸区域以野古草、狗牙根、牛鞭草为主，湖边则生长着南荻及少量苔草。由于调查时水位较高，洲滩尚未完全出露，雁类主要在已露出水面的洲滩区域栖息觅食。将常湖池记录的调查点位与雁类适宜栖息地模型结果对比发现，从湖岸向水面方向，栖息地适宜性数值呈递增趋势。通过实地 GPS 坐标提取 2020 年模型模拟值（图 5-10），三条样带的适宜性平均值分别为 0.68、0.72 和 0.76，与实际观测情况一致。而随着水深进一步增加，因雁类无法在深水区停留，栖息地适宜性值又逐渐下降。这表明，该模型能够有效反映碟形湖内栖息地适宜性的动态变化特征。

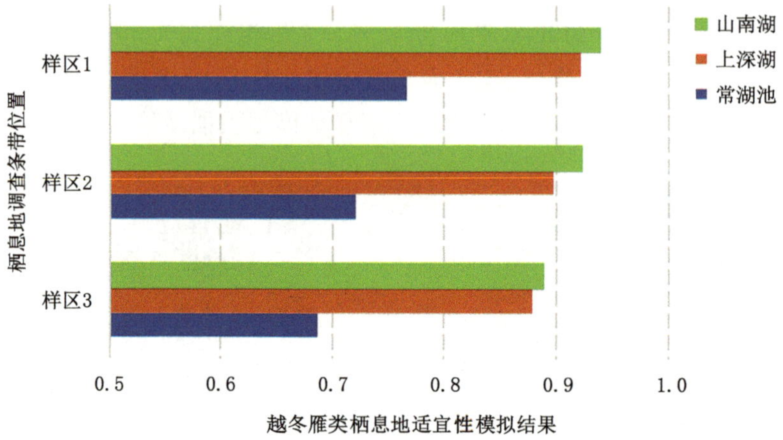

图 5-10　常湖池、上深湖、山南湖雁类栖息地实地调查样带与模型模拟结果

（5）上深湖

在南矶湿地国家级自然保护区的碟形湖上深湖，观测到大量水鸟，其中雁类数量达 10 000余只，同时发现大面积适宜雁类取食的苔草群落。为系统调查该区域，采用条带式调查方法，在上深湖设置 3 条样带，共获取 9 个调查样点；受环境条件限制，泥滩深处靠近水面区域未能开展调查。上深湖的调查样点均以苔草群落为主，植被呈现显著的梯度变化特征：随着与水面距离增加，苔草生长更为成熟，土壤湿度逐渐降低，同一区域内可见处于不同生长阶段的苔草。经测量，苔草植株高度介于 7～38 cm 之间，平均高度 21 cm；植被覆盖度波动范围为 10%～80%，平均值达 50%；土壤平均湿度约 88%。现场发现大量雁类羽毛、粪便及取食痕迹（图 5-11），进一步印证该区域为优质栖息地。提取 2020 年模型模拟结果显示，上深湖 3 条样带的栖息地适宜性平均值分别为 0.92、0.90 和 0.88，与实地观测情况高度吻合。

（6）山南湖

在山南湖，同样观测到大量水鸟，总数约 1 000 只，区域内分布着大面积苔草群落。本次调查采用条带式方法，共设置 3 条样带，覆盖 12 个调查点。经测量，苔草植株高度最高达 26 cm，最低 6 cm，平均高度 17 cm；植被覆盖度在 5%～60%之间波动，平均为 19%；土壤湿度较高，平均值达 95%。提取调查样带对应位置的栖息地适宜性数据显示，山南湖 3 条样带的适宜性平均值分别为 0.94、0.92 和 0.89，表明该区域对雁类具有较高的栖息适宜性。

图 5-11　雁类取食区实地调查及苔草生长状况
（摄于上深湖，2020 年 12 月 3 日）

5.4 讨　　论

在鄱阳湖水鸟栖息地模拟领域，已有研究在鹤类栖息地适宜性评估[7]、水鸟多样性与丰度的景观关联分析[8]以及水利工程对水鸟栖息地影响评价[9]等方面取得一定进展，但仍存在环境因子对水鸟栖息地作用过程模拟不充分、缺乏精度验证等问题。Teng 关于鄱阳湖雁类栖息地适宜性的研究表明，雁类出现概率与水文要素（NDWI）呈先增加后减小的倒 U 形趋势[10]，这与本研究中雁类分布概率随 FD、EVI 指数变化的趋势一致。然而，现有研究多以鸟类适宜分布的环境因子固定范围作为模拟参数，缺乏对环境因子与鸟类分布概率间动态过程的模拟。基于第 3、4 章分析，不同水文条件下雁类会对环境因子变化作出适应性响应。本章通过分段线性函数拟合，有效拟合了环境因子与雁类分布概率的动态关系，显著提升了模型对栖息地适宜性的模拟精度，弥补了现有研究在过程模拟层面的不足。

此外，以往鄱阳湖水鸟适宜栖息地模拟研究普遍存在鸟类数据匮乏、缺乏实地调查精度验证等问题[7,8]。本研究不仅系统模拟了雁类适宜栖息地的分布特征及时空格局变化，还验证了模型可靠性：利用剩余雁类 GPS 点位数据进行验证，模型模拟平均精度达 81%，精准反映了雁类栖息地适宜性；同时增设实地验证环节，2020 年野外调查数据显示，碟形湖内雁类觅食地的适宜性平均值为 0.87。其中，常湖池外围样点因植被类型非雁类偏好食物且生长成熟度高，适宜性值低于 0.7。

研究发现，鄱阳湖雁类栖息地呈现显著空间异质性。已有研究表明，雁类偏好取食高度在 7.5～18.7 cm 的苔草（图 5-12）[11]，这使得碟形湖区域内从浅水带、稀疏草洲到草洲的栖息地适宜性呈现先升后降的趋势。针对这一特征，本研究对常湖池、上深湖和山南湖采用条带式调查方法。常湖池植被类型多样，野古草、狗牙根等非雁类主要食物占比较大，苔草分布有限，导致观测到的雁类数量较少；而上深湖与山南湖因大面积分布苔草，成为雁类集中取食、栖息的区域，且三条调查样带覆盖了苔草的不同生长阶段。对比 2020 年三个碟形湖的栖息地模拟结果，常湖池的适宜性数值显著低于上深湖和山南湖，印证了模型能够有效反映雁类因植被选择偏好导致的栖息地适宜性差异。此外，三个子湖均呈现从湖岸到湖边栖息地适宜性先增后减的变化趋势，表明模型可准确模拟碟形湖周边浅水—泥滩—草洲栖息地适宜性的空间演变规律。

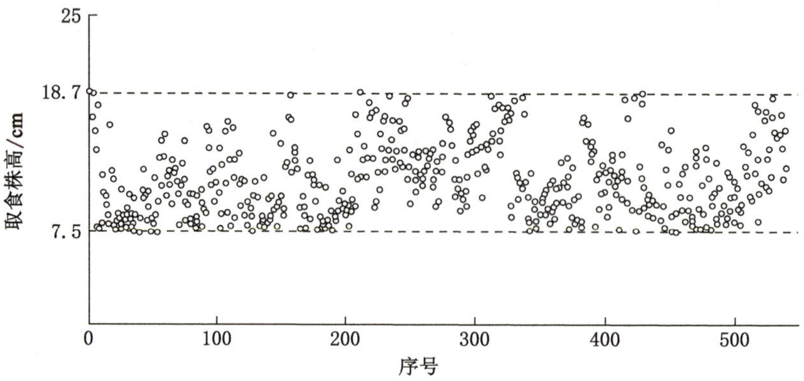

图 5-12　基于调查数据的雁类取食苔草株高分布图[11]

5.5　本章小结

本研究通过对水文要素、植被要素与雁类适宜栖息地的函数拟合，成功将环境因子转化为与雁类分布概率呈正相关的变量，并耦合干扰因子，构建了雁类适宜栖息地模型。为确保模型可靠性，研究采用双重验证方法：其一，利用剩余 20% 的 GPS 数据进行验证，经计算，模型模拟精度达 81%；其二，开展实地验证，2020 年调查数据显示，栖息地觅食地平均适宜性为 0.87，且有效验证了模型对碟形湖周边栖息地适宜性“先升高后降低”空间变化趋势的准确模拟能力，实现了模型在时间与空间维度的双重验证。

参考文献

[1] VAN DOREN B M, CONWAY G J, PHILLIPS R J, et al. Human activity shapes the wintering ecology of a migratory bird[J]. Global Change Biology, 2021, 27(12): 2715-2727.

[2] GILL J A, SUTHERLAND W J, WATKINSON A R. A method to quantify the effects of human disturbance on animal populations[J]. The Journal of Applied Ecology, 1996, 33(4): 786.

[3] WANG Z, LI Z Q, BEAUCHAMP G, et al. Flock size and human disturbance affect

vigilance of endangered red-crowned cranes (Grus japonensis)[J]. Biological Conservation,2011,144(1):101-105.

[4] BURTON N H K,EVANS P R,ROBINSON M A. Effects on shorebird numbers of disturbance,the loss of a roost site and its replacement by an artificial island at Hartlepool,Cleveland[J]. Biological Conservation,1996,77(2/3):193-201.

[5] SUN C Z,ZHEN L,WANG C,et al. Impacts of ecological restoration and human activities on habitat of overwintering migratory birds in the wetland of Poyang Lake,Jiangxi Province,China[J]. Journal of Mountain Science,2015,12(5):1302-1314.

[6] CARNEY K M,SYDEMAN W J. A review of human disturbance effects on nesting colonial waterbirds[J]. Waterbirds: the International Journal of Waterbird Biology,1999,22(1):68.

[7] ZHU Z T,HUAI W X,YANG Z H,et al. Assessing habitat suitability and habitat fragmentation for endangered Siberian cranes in Poyang Lake region,China[J]. Ecological Indicators,2021,125:2-10.

[8] DRONOVA I,BEISSINGER S,BURNHAM J,et al. Landscape-level associations of wintering waterbird diversity and abundance from remotely sensed wetland characteristics of Poyang Lake[J]. Remote Sensing,2016,8(6):462.

[9] YAO S Y,LI X Y,LIU C L,et al. Quantitative assessment of impact of the proposed Poyang Lake hydraulic project (China) on the habitat suitability of migratory birds [J]. Water,2019,11(8):1639.

[10] TENG J K,XIA S X,LIU Y,et al. Differences of regulative flexibility between hydrological isolated and connected lakes in a large floodplain:insight from inundation dynamics and landscape heterogeneity[J]. Water,2020,12(4):991.

[11] 孟竹剑,夏少霞,于秀波,等. 鄱阳湖越冬雁类食源植被适宜取食时间窗口[J]. 生态学报,2018,38(21):7539-7548.

第6章 典型水文年雁类栖息地时空格局变化特征

气候变化和人类活动的加剧对湿地系统产生了重大影响，特别是对水鸟栖息地的适宜性[1,2]。栖息地适宜性的有效评估是解决水文变化影响的前提和基础[3,4]。但多数栖息地模型通常过于依赖土地利用数据，忽视了雁类对环境变化的反应[5-8]。同时，由于物种数据调查的不完整，模型结果无法准确反映物种的真实栖息地需求[9]。植食性水鸟在湿地中的分布受到水文条件、植被资源、人类活动干扰和其他因素的影响[10,11]。从植食性水鸟觅食需求的角度出发，将环境数据与雁类觅食位置数据相结合，建立定量估算栖息地适宜性的模型，可以有效提高栖息地评价结果的准确性。

定量关键环境因素对于构建植食性水鸟的适宜栖息地模型至关重要[12,13]。水文变化是影响水鸟栖息地变化的主要因素[14-16]，但由于缺乏大规模流域观测数据，很难准确观测湿地水面分布变化[17]。淹没时长指数是影响湿地植物萌发和生长的关键因素[18]。该指数可以表征草洲出露时间和水体变化的时间，同时反映一段时间内水文状况对栖息地适宜性的综合影响[17,19,20]。食物资源的空间分布在决定动物种群空间分布方面发挥着非常重要的作用[21,22]。食草雁类喜欢以生长早期(高度120～220 mm)的苔草为食[23]，该阶段植被可以为食草雁类提供更高的营养吸收率[24]。基于时间序列的卫星遥感植被指数(NDVI或EVI)与植物生长阶段具有很好的相关性，可以反映雁类食物资源的生长趋势，被广泛用于植物物候模拟[25-27]。

人类活动频繁的区域，如道路和居民区，可能会干扰水鸟的觅食和休息[28,29]。为了安全和隐蔽，水鸟更喜欢待在远离人类威胁的环境中[30]。在栖息地模型构建中，物种分布数据是必不可少的，却很难获取。与传统的实地调查数据相比，GPS跟踪数据可以获得高频率和高精度的物种位置信息，为了解动物环境要素之间的相互关系提供了重要支撑[31]。

鄱阳湖碟形湖对水鸟栖息地的重要性一直广受关注。根据鄱阳湖多年同步调查数据，大量水鸟集中分布在碟型湖。而这些碟形湖长期存在的“堑秋湖”捕鱼作业方式，在秋季退水时拦堑，截留更多的鱼和水，到10月份中期会放水捕鱼，有利于满足不同觅食习性水鸟找到合适的生态位，对水鸟栖息地的可利用性具有正面影响。然而，随着农业农村部《关于长江流域重点水域禁捕范围和时间的通告》即“长江十年禁渔计划”颁布，目前，渔船渔民退捕工作已在鄱阳湖全面推进，然而，部分碟型湖的承包权尚未到期，在此期间的碟型湖管理权责不清晰，部分渔民补偿问题也未形成共识，导致部分碟型湖至 12 月份水位仍居高不下。在此背景下，碟形湖在越冬季对鄱阳湖湿地雁类栖息地的实际贡献率，以及全面禁渔政策下的科学管理策略，成为亟待分析解决的问题。

本章通过多源遥感数据和水鸟 GPS 跟踪数据的耦合分析，构建了雁类栖息地适宜性模型，并验证了模型的准确性。基于模型结果，探讨了水文异常（干旱和洪水）对雁类栖息地的影响，以及不同碟形湖管理模式对水文异常的响应。

6.1 典型水文年雁类适宜栖息地模拟结果

鄱阳湖全湖雁类栖息地适宜性时空分布，如图 6-1 所示。从全湖整体来看，2019 年栖息地适宜性达到最大，全湖平均值为0.67；2018 年次之，平均值为 0.63；2020 年最小，平均值为 0.60。从全湖典型水文年不同适宜性等级栖息地所占面积可以看到，当适宜性阈值分别设为大于 0.9、0.8 和 0.7 时，所占面积均呈现 2019 年最大，2018 年次之，2020 年最小的规律。

从分布上来看，适宜性高的栖息地主要分布于碟形湖周围的草洲、主湖的滩地；适宜性中等的栖息地分布范围较广；而长期淹水水面（淹没时长指数＞300 天）和道路交通居民点附近为不适宜性雁类栖息的区域。在碟形湖周围栖息地适宜性从湖中心到岸边呈现先增加后减少的趋势。2018 年，高适宜性栖息地主要分布在主湖周围，2020 年主要分布在子湖周围，2019 年主湖和子湖都存在栖息地适宜性的高值区域。总之，干旱和洪水事件都降低了越冬雁类的栖息地适宜性，模拟结果表明洪水对栖息地适宜性的影响更大。

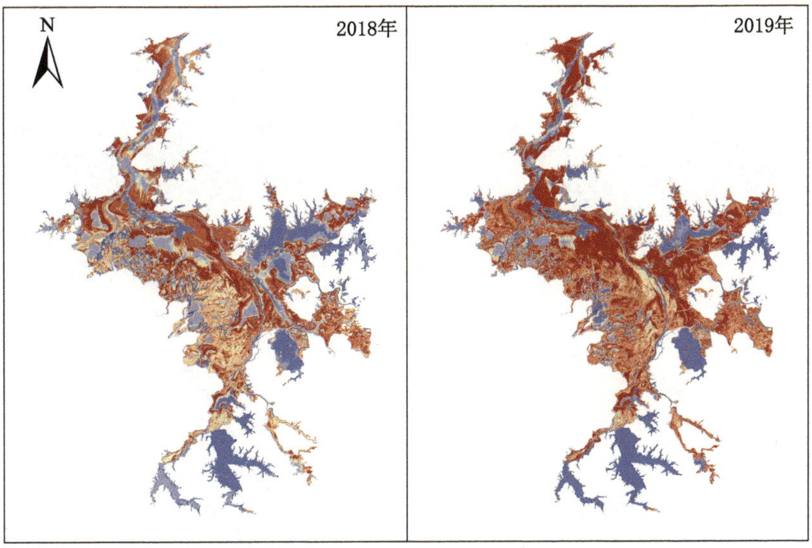

图 6-1 2018—2020 年鄱阳湖雁类栖息地适宜性时空分布

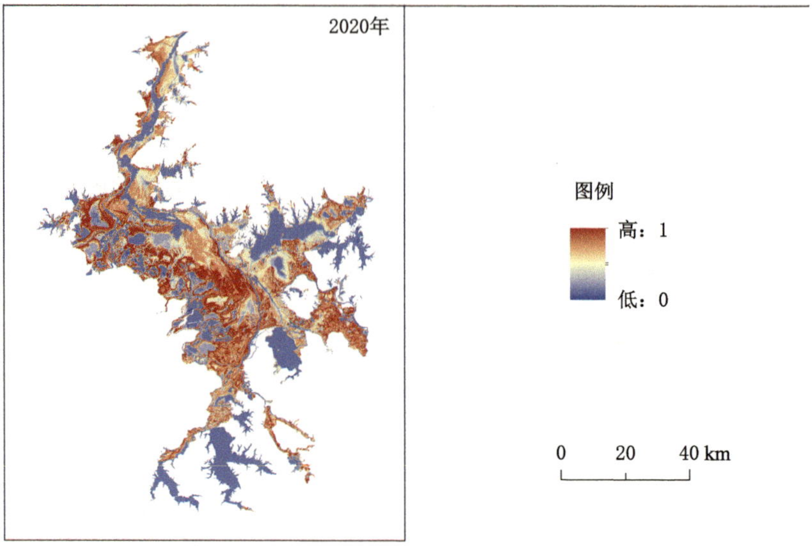

图 6-1 （续）

如图 6-2 所示，2019 年栖息地适宜性高于 2018 年的区域为 2 238 km^2，占鄱阳湖湿地总面积的 57%，主要分布在子湖和主湖周围。相较于 2020 年，2019 年栖息地适宜性更高的区域面积为 2 440 km^2，占鄱阳湖湿地总面积的 62%，主要分布在主湖周围。

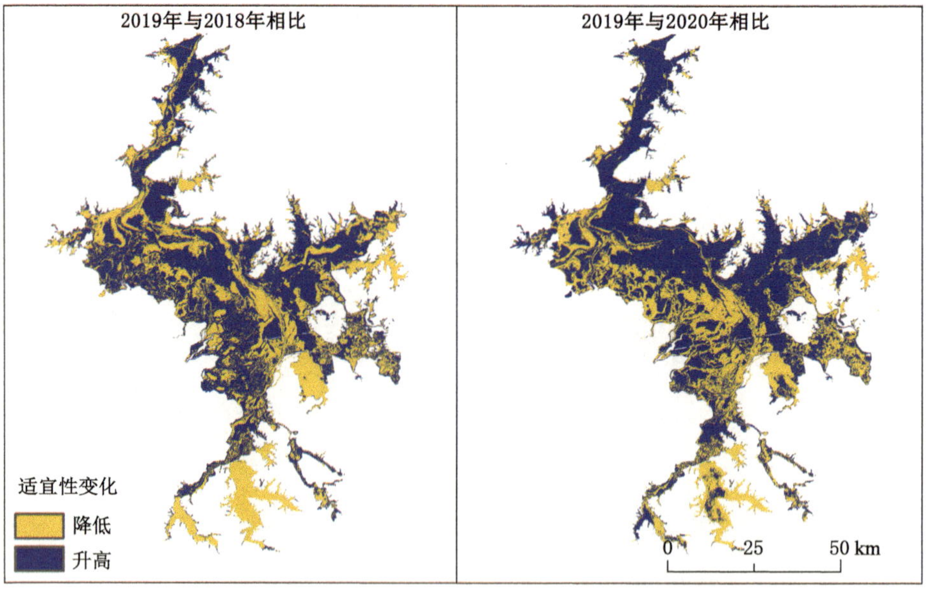

（a）2018—2019年栖息地适宜性时空格局变化

（b）2019—2020年栖息地适宜性时空格局变化

图 6-2 2018—2020 年栖息地适宜性时空格局变化

本研究将适宜性值大于 0.7 的区域界定为雁类适宜栖息地。如图 6-3 所示，对比三个年份发现，2019 年雁类适宜栖息地面积最大，达 2 286 km^2，显著高于 2018 年的 1 528 km^2 和 2020 年的 1 384 km^2，表明 2019 年整体环境更利于雁类栖息。从面积分布趋势看，2018 年、2019 年和 2020 年的栖息地适宜性在多数区域呈现相似规律，但在特定阈值区间存在明显差异：2018 年，栖息地适宜性值为 0.4 的区域面积最大，达 937 km^2；2019 年，适宜性值为 0.7 的区域面积最大，为 1 100 km^2，该阈值下的面积显著超过其他两年；2020 年，适宜性值为 0.6 的区域面积最大，为 934 km^2。

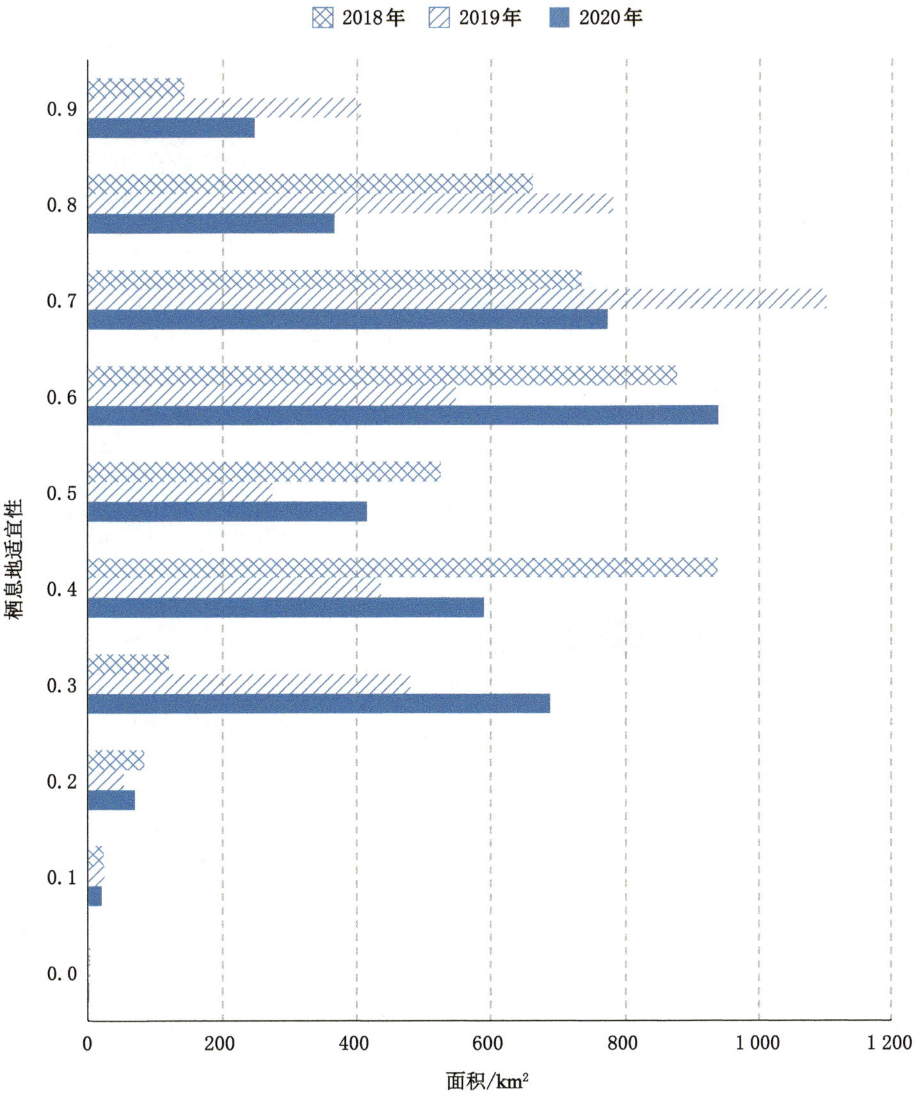

图 6-3　2018—2020 年鄱阳湖不同适宜性栖息地所占面积

6.2 栖息地生物量关键阈值及觅食地时空分布格局变化

提取12月份GPS数据点位对应的雁类栖息地适宜性值与鄱阳湖生物量数据，探究两者的相关性（图6-4）。结果表明，雁类GPS点位主要分布在生物量0～300 g/m² 范围内。进一步放大该区间分析发现：雁类GPS数据集中于适宜性值大于0.7的区域；尽管点位在生物量轴上略有分散，但在0～300 g/m² 区间呈现显著集中趋势，其中150～250 g/m² 为核心阈值范围，且2018—2020年三年间该阈值保持一致。

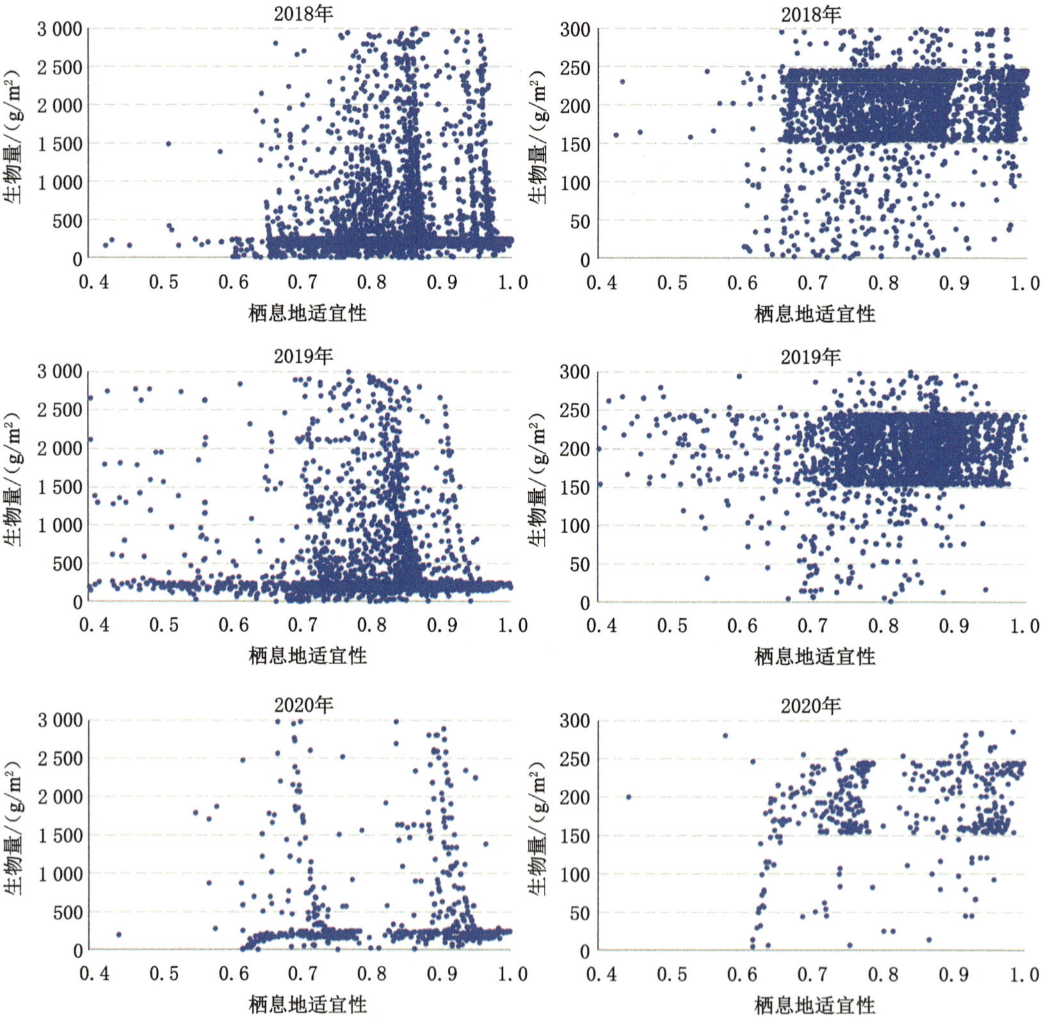

图6-4　栖息地适宜性与生物量关系

基于雁类适宜取食生物量阈值（150～250 g/m²）及栖息地适宜性值大于 0.7 的双重标准，确定觅食地范围（图 6-5）。结果显示，各年份觅食地面积从高到低依次为：2019 年 12 月（1 024 km²）、2020 年 12 月（567 km²）、2018 年 12 月（434 km²）。其中，洪水年（2020 年）觅食地面积大于枯水年（2018 年），这与研究时段（12 月，越冬季中期）密切相关——洪水年退水较晚，植被仍处于早期生长阶段，更符合雁类取食偏好，因此 2020 年觅食地面积显著大于 2018 年。

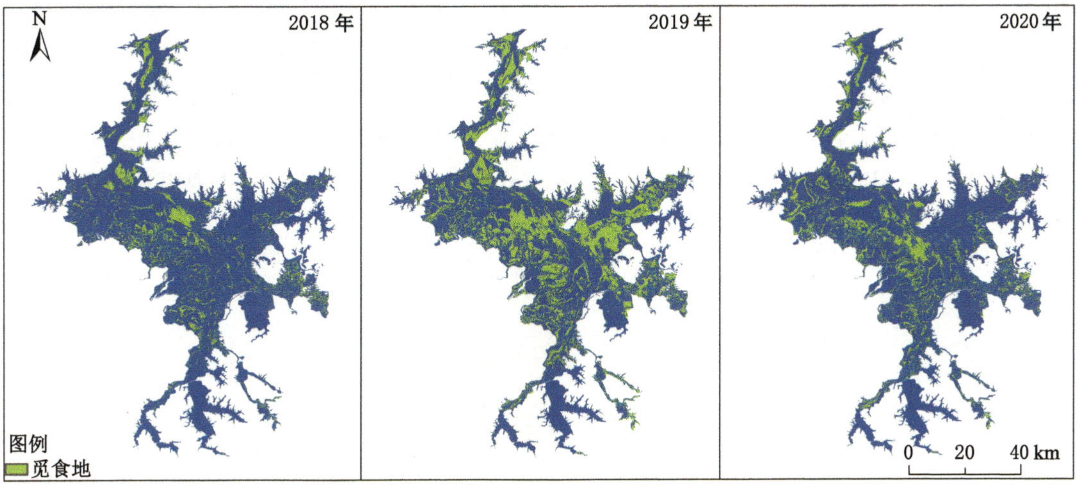

图 6-5　典型水文年觅食地时空格局变化

空间分布上，2019 年觅食地范围最广，子湖与主湖体均有大面积分布；2018 年觅食地范围最小，主要集中于鄱阳湖北部区域，子湖觅食地规模显著小于 2019 年；2020 年主湖体觅食地较少，但子湖仍存在连片高适宜性觅食区域。

6.3　碟形湖雁类栖息地时空格局变化及贡献率分析

6.3.1　栖息地贡献率

由于碟形湖与主湖区（除碟形湖外的其他区域）的面积存在显著差异，单纯对比两者的适宜栖息地面积，无法准确反映其对雁类栖息地的实际贡献程度。为此，本研究通过面积归一化处理，构建碟形湖和主湖区栖息地贡献率（habitat contribution radio，HCR）：首先，分别计算碟形湖/主湖区适宜栖息地面积占全湖适宜栖息地面积的百分比，以及碟形湖/主湖区面积占全湖面积的百分比；随后，将上述两个百分比进行比值运算，以此量化各区域对雁类栖息地的相对贡献。具体计算公式如下：

$$\mathrm{HCR} = \frac{a_{\mathrm{x}}}{a_{\mathrm{w}}} \bigg/ \frac{A_{\mathrm{x}}}{A_{\mathrm{w}}} \tag{6-1}$$

式中，a_{x}是碟形湖或主湖中适宜性大于 0.7 的面积，a_{w}是全湖适宜性大于 0.7 的面积；A_{x}是

碟形湖或主湖区的面积，A_w是全湖面积。

6.3.2 碟形湖雁类栖息地时空格局变化

碟形湖在鄱阳湖湿地保护中起到了重要作用，南矶湿地国家级自然保护区和鄱阳湖国家级自然保护区均以碟形湖为主要构成单元，因此本研究对其进行重点分析。在典型水文年中，2019 年两大保护区的觅食地面积均达最大值，2020 年次之，2018 年最小。

受保护区面积差异影响，南矶湿地国家级自然保护区栖息地面积整体多于鄱阳湖国家级自然保护区，且不同年份差距呈现波动特征：2018 年南矶湿地国家级自然保护区觅食地面积为 45 km^2，鄱阳湖国家级自然保护区为 42 km^2，两者仅相差 3 km^2，为三年中差距最小；2019 年南矶湿地国家级自然保护区觅食地面积增至 126 km^2，鄱阳湖国家级自然保护区为 91 km^2，前者较后者多 35 km^2，差距达到峰值；2020 年南矶湿地国家级自然保护区觅食地面积为 105 km^2，鄱阳湖国家级自然保护区为 76 km^2，差距缩小至 29 km^2。具体见图 6-6。

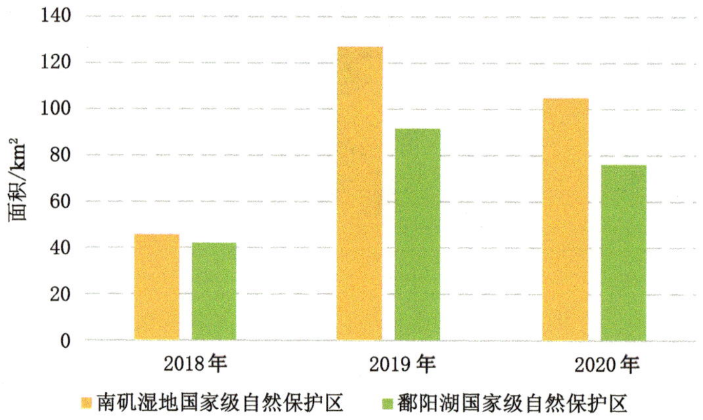

图 6-6　典型水文年保护区内觅食地面积变化

南矶湿地国家级自然保护区雁类适宜栖息地呈现显著时空差异(图 6-7)：2019 年栖息地适宜性平均值达 0.73，为三年最高；2020 年降至 0.72；2018 年最低，仅 0.70。对应年份的觅食地面积同样以 2019 年最大(127 km^2)，2020 年(105 km^2)次之，2018 年最小(45 km^2)。

面积分布特征上，2019 年南矶湿地国家级自然保护区适宜性值为 0.6 的区域面积在保护区内占比最大；2018 年则以适宜性值为 0.5 的区域面积最为突出。2020 年栖息地适宜性面积分布相对均衡，主要集中在 50～85 km^2 区间，其中适宜性值为 0.6 的区域面积达到峰值。

空间分布方面(图 6-8)，不同年份的低适宜性区域(<0.4)存在明显差异：2018 年仅局限于道路居民区及少量淹水区域；2019 年扩展至部分碟形湖高水位区域；2020 年因碟形湖普遍水位较高，低适宜性区域面积显著增加。中等适宜性区域(0.4～0.6)主要分布于碟形湖外围早出露区域及湖体半出露地带；而高适宜性区域则集中在碟形湖周边，且植被生长阶段契合雁类取食偏好。

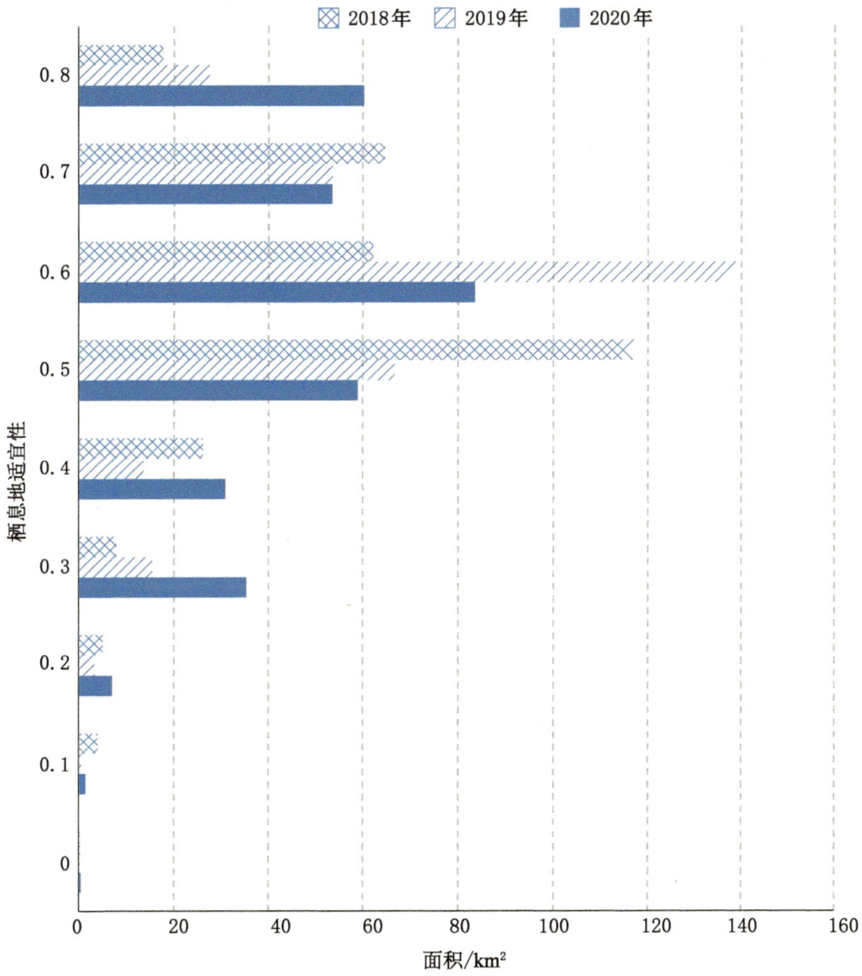

图 6-7　南矶湿地国家级自然保护区雁类栖息地不同适宜性所占面积

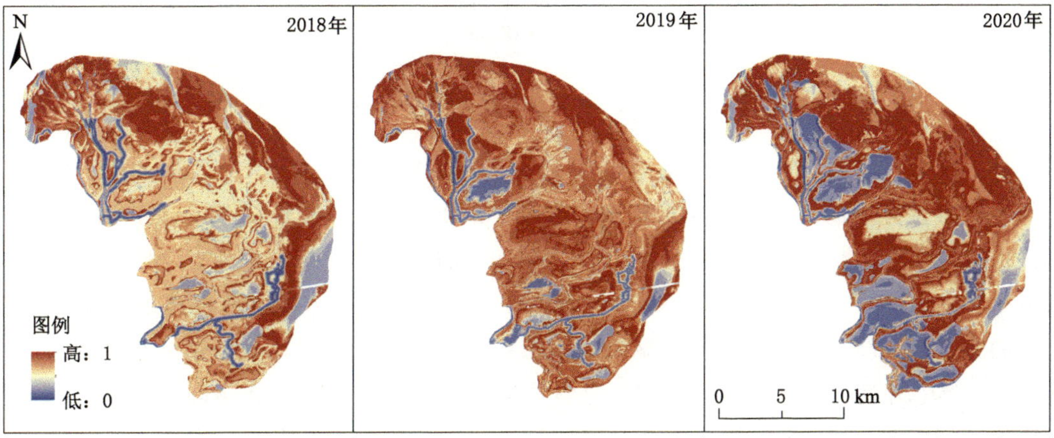

图 6-8　南矶湿地国家级自然保护区雁类栖息地适宜性空间格局分布

鄱阳湖国家级自然保护区雁类栖息地适宜性分布特征如图 6-9 所示。数据显示，2019 年栖息地适宜性达到峰值，平均值为 0.70；2018 年与 2020 年适宜性水平相当，平均值均为 0.66。从不同适宜性等级的栖息地面积占比来看，当适宜性值大于 0.7 时，面积排序依次为 2019 年（250 km^2）、2020 年（188 km^2）、2018 年（157 km^2）；对应年份的觅食地面积分别为 2019 年 62 km^2、2020 年 76 km^2、2018 年 42 km^2。

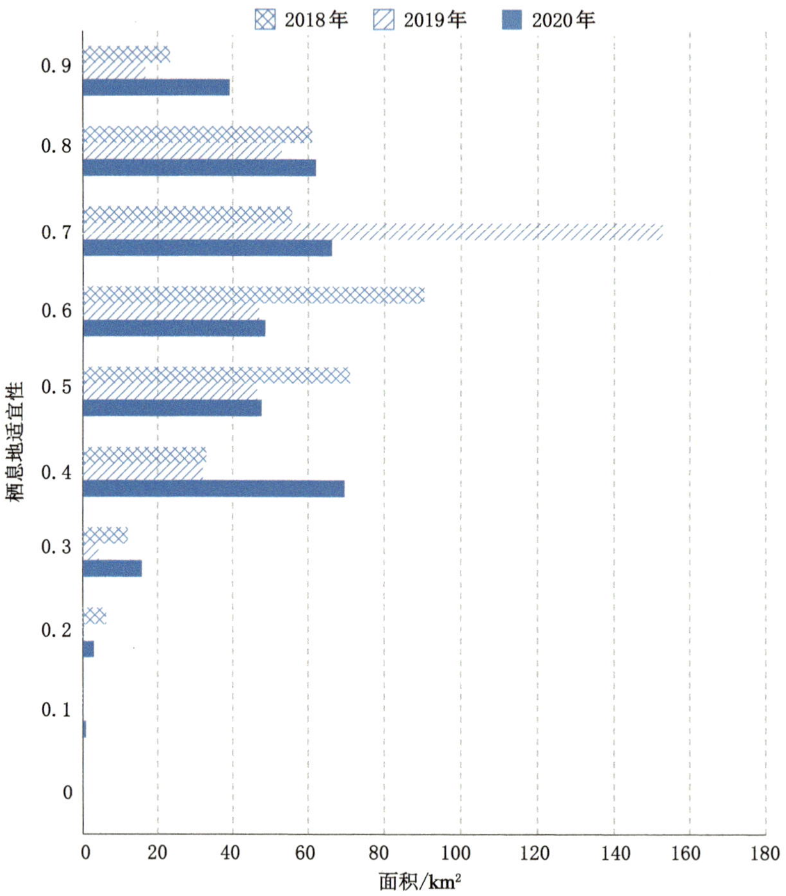

图 6-9　鄱阳湖国家级自然保护区雁类栖息地不同适宜性所占面积

进一步分析发现，除 2019 年适宜性值为 0.7 的栖息地面积最大（152.68 km^2）外，其余年份各适宜性等级的面积分布相对均衡。2018—2020 年间，适宜性值为 0.1 的栖息地近乎消失；2019 年适宜性值为 0.2 的区域也极为稀少。同时，2019 年低适宜性（低于 0.7）的栖息地面积显著小于 2018 年和 2020 年，表明该年份的栖息地整体适宜性表现更为优异。

如图 6-10 所示，典型水文年的鄱阳湖国家级自然保护区雁类栖息地适宜性呈现显著差异：2018 年中等适宜性区域面积最大，但整体适宜性水平较低；2019 年高适宜性区域面积占比最高；2020 年因未出露水面面积较大，适宜性分布受到明显影响。这一变化趋势与南矶湿地国家级自然保护区一致。空间分布上，高适宜性区域集中于碟形湖周边，而湖中心区域及人类活动密集区则多为低适宜性区域。

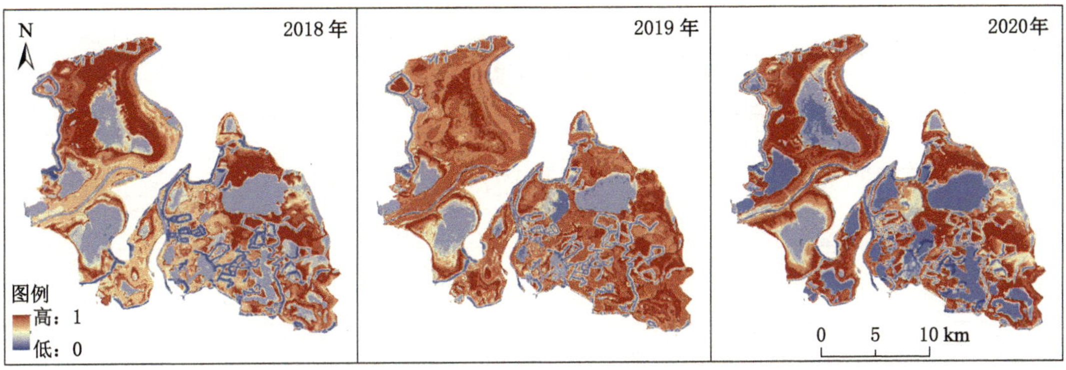

图 6-10　鄱阳湖国家级自然保护区雁类栖息地适宜性空间格局分布

6.3.3　鄱阳湖碟形湖对雁类适宜栖息地贡献分析

为探究鄱阳湖碟形湖对雁类栖息地的贡献，本研究基于碟形湖空间分布特征，完成 110 个碟形湖的矢量化工作，其总面积达 1 140 km^2；鄱阳湖全湖统计面积为 3 941 km^2。同时，分别统计 112 个碟形湖内适宜性值大于 0.7 的区域面积，以及主湖区(除碟形湖范围外的其他区域)内适宜性值大于 0.7 的面积，具体数据详见表 6-1。

表 6-1　碟形湖适宜栖息地(适宜性值大于 0.7)面积统计表　　单位：km^2

编号	名称	面积		
		2018 年	2019 年	2020 年
1	朱市湖	0.48	2.00	2.04
2	朱湖湖	0.34	0.68	0.79
3	中湖湖	1.34	5.31	1.23
4	长湖湖	0.31	0.32	0.13
5	战备湖	1.46	0.46	0.48
6	云湖湖	4.57	4.87	5.19
7	瑶岗湖	1.35	1.95	1.87
8	杨坊湖	6.00	9.90	4.94
9	雪湖湖	6.86	9.10	4.94
10	小滩湖	3.39	5.03	2.32
11	象湖湖	0.69	2.62	2.56
12	下水湖	0.77	1.08	0.17
13	下深湖	1.99	5.02	3.90
14	下段湖	1.13	6.03	2.02
15	下北湖	0.83	3.37	1.93
16	西湖湖	2.58	4.24	0.43

表 6-1(续)

编号	名称	面积		
		2018 年	2019 年	2020 年
17	王罗湖	8.14	7.50	5.74
18	晚湖湖	3.97	4.96	4.83
19	铜扒湖	0.03	0.06	0.03
20	太阳湖	3.27	6.05	1.67
21	四望湖	3.66	4.69	3.14
22	双岭湖	0.80	3.55	2.58
23	石湖湖	2.21	2.03	1.46
24	神塘湖	47.45	41.28	65.36
25	上水湖	0.38	0.58	0.19
26	上深湖	1.22	2.84	2.34
27	上港湖	1.70	2.92	1.78
28	上段湖	2.72	3.44	4.02
29	上北湖	1.61	6.55	5.99
30	山南湖	1.46	2.36	1.65
31	沙塘湖	3.37	3.98	4.59
32	沙湖湖	3.62	8.71	6.56
33	三水湖	0.16	2.37	1.45
34	三泥湖	2.39	5.05	1.97
35	三湖湖	3.06	7.05	1.94
36	企湖湖	4.63	8.11	2.69
37	七金湖	1.38	1.72	1.72
38	盘湖湖	1.60	2.53	0.61
39	牛鸭湖	9.29	14.82	6.51
40	泥湖湖	3.99	19.89	12.97
41	南口湖	3.94	5.58	4.69
42	南尖湖	1.86	2.86	3.12
43	南湖 2	0.02	0.04	0.01
44	南湖 1	2.14	2.89	1.23
45	明溪湖	0.06	0.09	0.06
46	梅西湖	1.01	0.94	0.81
47	六潦湖	1.25	6.29	6.56
48	流芳湖	0.69	4.03	2.36
49	林充湖	14.73	17.44	10.10
50	坎下湖	1.75	1.49	1.30
51	金溪湖	23.35	39.24	24.89
52	交汉湖	0.04	0.15	0.00
53	鲫鱼湖	1.61	4.99	5.30
54	芰湖湖	0.75	0.43	0.00

表 6-1(续)

编号	名称	面积		
		2018 年	2019 年	2020 年
55	红兴湖	0.90	4.75	3.08
56	汉池湖	15.18	53.68	11.53
57	饭湖湖	2.72	5.31	1.39
58	二水湖	0.19	1.43	0.66
59	独洲湖	6.26	8.38	11.22
60	董家湖	1.29	2.57	2.24
61	东江湖	0.49	2.29	0.62
62	东湖湖	34.44	44.28	24.41
63	大野湖	7.40	10.78	4.70
64	大伍湖	6.38	6.82	8.39
65	大沙湖	2.16	0.66	0.15
66	大莲湖	16.73	23.00	13.38
67	大湖湖	7.17	10.31	13.12
68	大车湖	0.86	2.72	0.38
69	大场湖	2.93	2.20	3.13
70	大汊湖	17.17	20.53	19.20
71	池州湖	3.09	8.08	5.68
72	程家湖	6.44	8.46	7.74
73	常湖湖	3.43	7.84	3.56
74	茶叶湖	1.22	1.62	0.75
75	草鱼湖	2.22	4.97	0.38
76	草湾湖	5.69	11.46	11.14
77	蚕豆湖	7.66	17.37	9.16
78	鳊鱼湖	19.25	13.57	21.58
79	边湖湖	1.73	4.93	3.21
80	北口湖	8.06	9.50	9.44
81	北角湖	7.26	8.53	8.07
82	北汊湖	7.04	6.67	7.40
83	蚌湖湖	44.38	64.76	46.41
84	白沙湖	2.08	2.90	2.36
85	白池湖	0.54	1.08	0.62
86	扒湖湖	0.81	1.10	0.53
87	无名湖 1	5.26	8.51	8.97
88	无名湖 2	0.30	0.98	0.86
89	无名湖 3	1.40	1.62	1.76
90	无名湖 4	2.63	3.96	3.85
91	无名湖 5	0.17	0.51	0.04
92	无名湖 6	0.36	0.34	0.44

表 6-1(续)

编号	名称	面积		
		2018 年	2019 年	2020 年
93	无名湖 7	0.53	1.77	0.37
94	无名湖 8	0.47	1.12	0.69
95	无名湖 9	1.11	3.21	2.23
96	无名湖 10	0.98	3.61	0.74
97	无名湖 11	0.69	1.64	1.69
98	无名湖 12	0.45	0.25	0.47
99	无名湖 13	3.98	7.56	1.99
100	无名湖 14	0.87	0.73	1.01
101	无名湖 15	1.74	1.39	1.72
102	无名湖 16	0.64	0.28	0.42
103	无名湖 17	0.67	0.92	0.29
104	无名湖 18	1.57	2.92	1.57
105	无名湖 19	0.59	0.70	0.77
106	无名湖 20	1.05	0.76	1.10
107	无名湖 21	0.81	1.12	0.40
108	无名湖 22	1.15	1.37	1.01
109	无名湖 23	3.14	2.62	2.71
110	无名湖 24	2.99	2.83	2.67

如图 6-11 所示，碟形湖适宜栖息地(适宜性值>0.7)面积在不同年份呈现显著差异，从大到小依次为 2019 年、2020 年和 2018 年。其中，2020 年作为洪水年，碟形湖适宜栖息地面

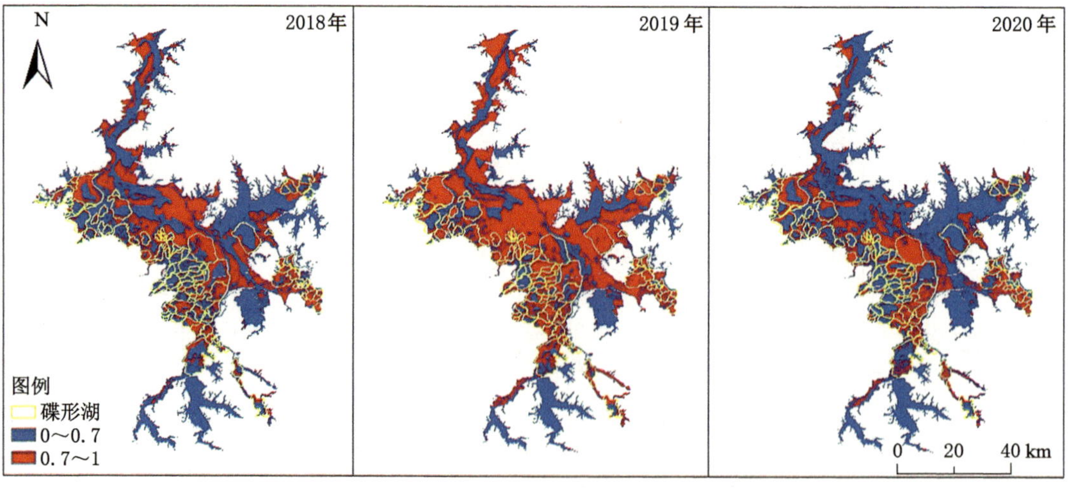

(a) 2018—2020年碟形湖雁类适宜栖息地空间分布图

图 6-11　2018—2020 年碟形湖雁类适宜栖息地分布及其高适宜性

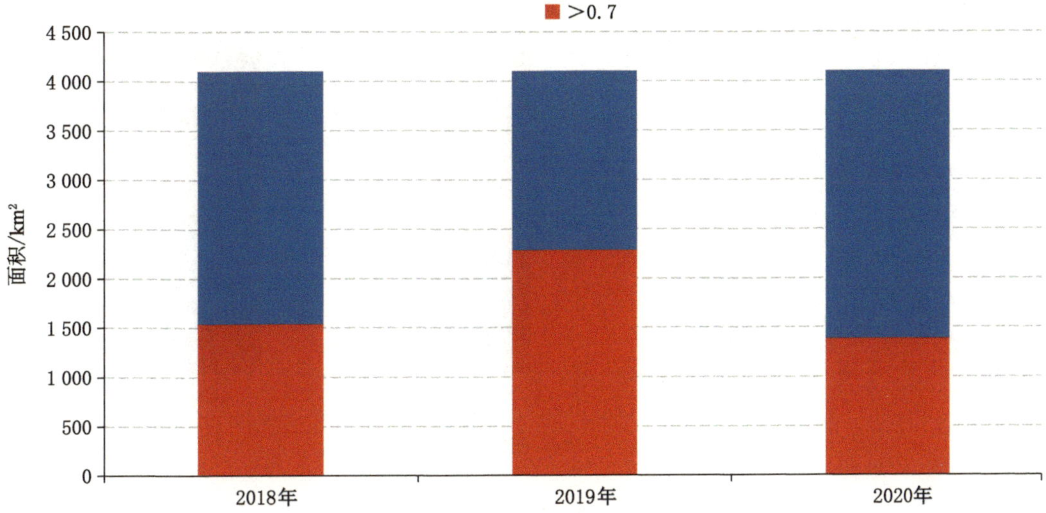

（b）2018—2020年碟形湖雁类适宜栖息地适宜性值大于0.7统计图

图 6-11　（续）

积占全湖适宜栖息地总面积的比例高达 44%，显著高于 2018 年的 35%。这一结果表明，在极端水位条件的负面影响下，洪水年的碟形湖对雁类栖息地的贡献更为突出。

6.4　连通子湖和管控子湖之间栖息地适宜性的差异

由于碟形湖与主湖区域面积差异较大，仅从面积分析难以反映其栖息地贡献情况。本研究构建了栖息地贡献率指数进行量化分析（图 6-12）。计算结果显示：无论是枯水年、平水年还是洪水年，碟形湖 HCR 均大于 1，而主湖区域 HCR 均小于 1，碟形湖典型水文年 HCR 从大到小依次是 2020 年、2019 年和 2018 年，表明洪水年碟形湖对雁类栖息地的相对贡献最为突出。

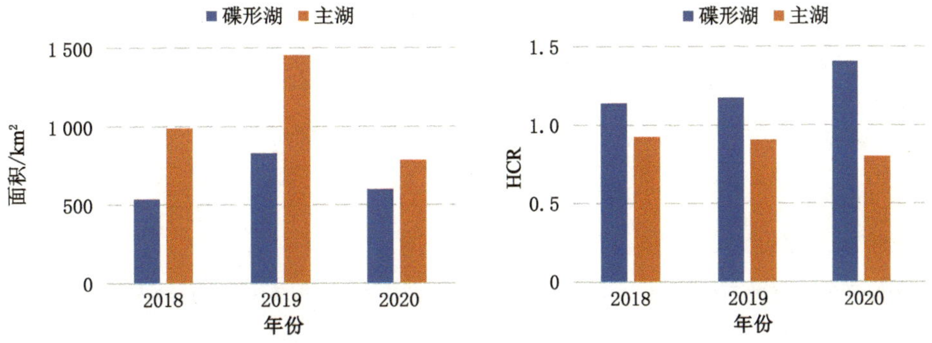

（a）面积差异　　（b）HCR指数差异

图 6-12　2018—2020 年碟形湖与主湖面积及其占比、HCR 指数差异

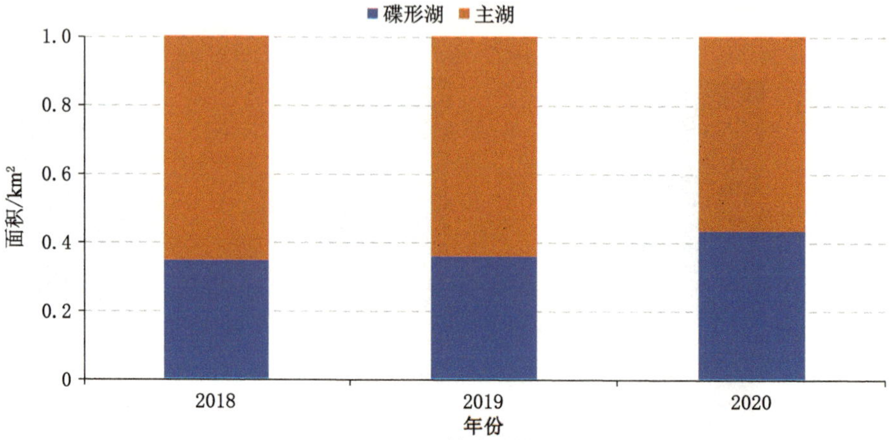

（c）面积占比差异

图 6-12 （续）

在平水年，管控湖泊的栖息地适宜性范围（最小值至最大值）与连通湖泊相近，平均值较连通湖泊高 0.01；枯水年，管控湖泊的栖息地适宜性范围及平均值均大于连通湖泊，平均值差异为 0.01；洪水年，管控湖泊的栖息地适宜性范围和平均值显著高于连通湖泊，差异达 0.05。这表明，适度的湖泊管理能够有效缓解极端水文异常对栖息地适宜性的负面影响（图 6-13）。

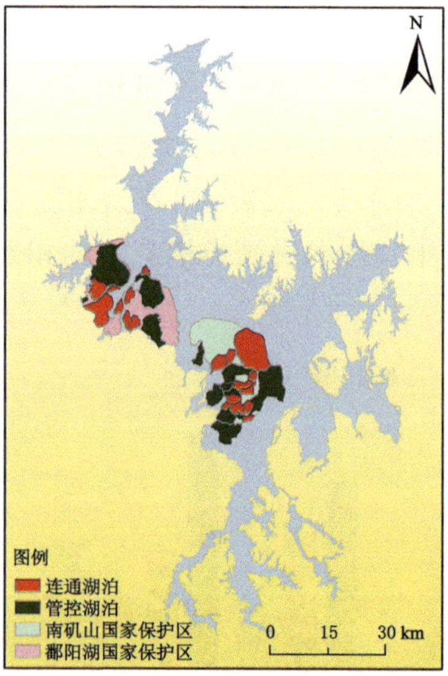

（a）保护区内连通子湖和管控子湖的分布

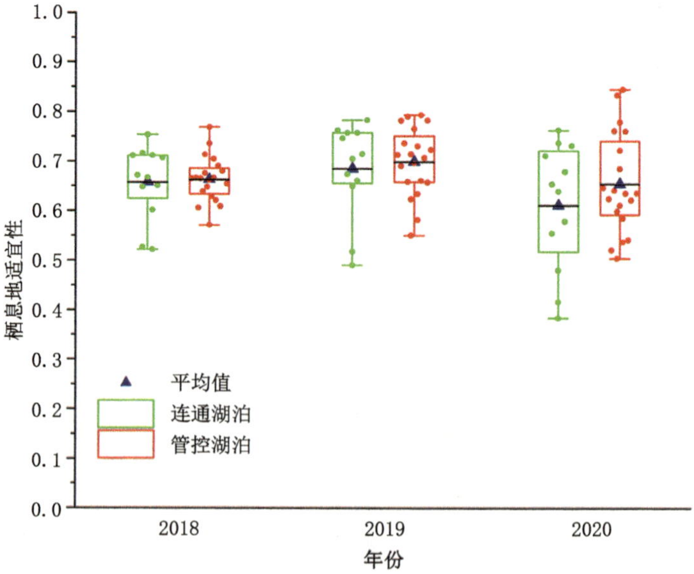

（b）连通和管控子湖栖息地适宜性差异箱线图

图 6-13 连通子湖和管控子湖的分布及栖息地适宜性差异箱线图

图 6-14 呈现了南矶湿地国家级自然保护区 2018—2020 年三种不同类型湖泊的栖息地适宜性变化趋势。分析表明，管控湖泊的栖息地适宜性平均值在 2018—2020 年整体高于连通湖泊。在南矶湿地国家级自然保护区内，无论是连通湖泊还是管控湖泊，均呈现 2019 年适宜性最高、2020 年最低的特征；其中，2020 年栖息地适宜性范围最宽，2018 年最窄。

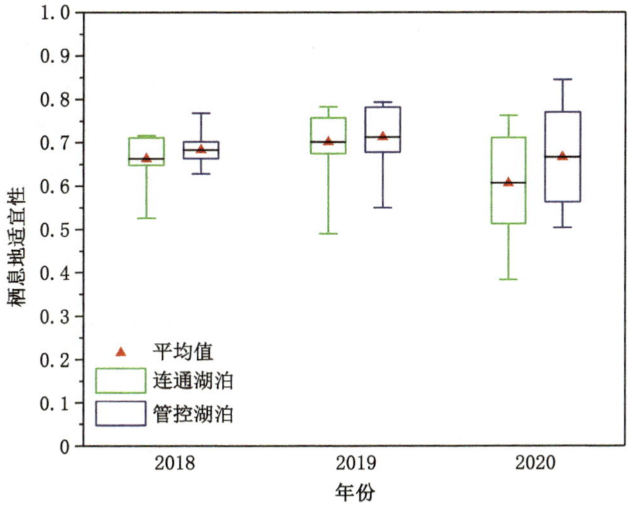

图 6-14　南矶湿地国家级自然保护区连通和管控子湖栖息地适宜性差异箱线图

如图 6-15 所示，2018 年，鄱阳湖国家级自然保护区连通湖泊和管控湖泊的栖息地适宜性平均值约为 0.64。2019 年，连通湖泊的平均值略高于 0.65，管控湖泊的平均值则高于连通湖泊，当年栖息地平均适宜性达三年最高水平。2020 年，连通湖泊的平均值低于 0.6，为三年最低，而管控湖泊的平均值与 2018 年相近，约为 0.64。整体来看，管控湖泊的平均适宜性始终高于连通湖泊。

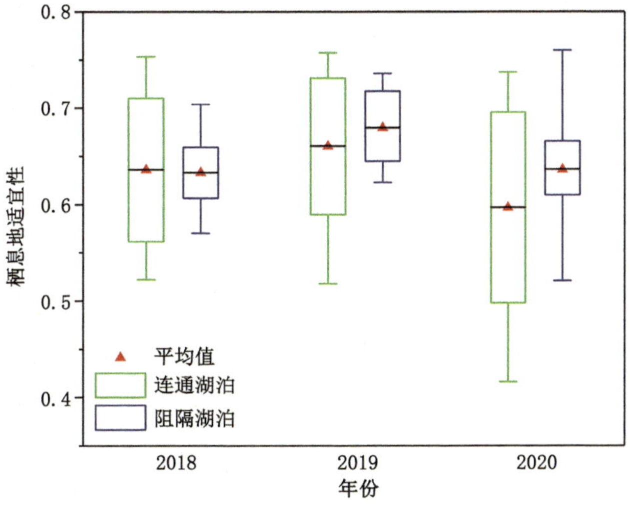

图 6-15　鄱阳湖国家级自然保护区连通和管控子湖栖息地适宜性差异箱线图

2018—2020 年，研究区域子湖的平均适宜性分别为 0.67、0.7 和 0.65，其中 2019 年适宜性最高，2020 年最低。分类型来看：2018 年，局部管控子湖与自由连通子湖的平均适宜性均为 0.67；2019 年，局部管控子湖的平均适宜性升至 0.71，自由连通子湖为 0.7；2020 年，局部管控子湖的平均适宜性降至 0.66，自由连通子湖则为 0.63。可见，2019 和 2020 年局部管控子湖的平均适宜性均高于自由连通子湖。

由表 6-2 可知，交汉湖作为自由连通型子湖，三年间始终保持最低适宜性，且呈逐年下降趋势，从 2018 年的 0.41 降至 2019 年的 0.38，2020 年进一步降至 0.34。神塘湖在 2018 年和 2020 年均为适宜性最高的子湖，2020 年更是达到 0.84。2019 年，朱湖以 0.78 的适宜性成为当年最高值，且其适宜性呈逐年递增态势，同样表现出适宜性递增趋势的，还有自由连通型的沙塘湖、独洲湖，以及局部管控型的朱市湖、大伍湖等子湖。

表 6-2　局部管控和自由连通子湖栖息地适宜性

编号	名称	连通性	栖息地适宜性		
			2018 年	2019 年	2020 年
0	战备湖	局部管控	0.68	0.55	0.54
1	下深湖	局部管控	0.69	0.79	0.76
2	常湖	局部管控	0.67	0.72	0.50
3	朱湖	局部管控	0.71	0.78	0.83
5	三泥湾	局部管控	0.66	0.70	0.54
6	白沙湖	局部管控	0.65	0.66	0.64
16	上北甲	局部管控	0.68	0.77	0.78
17	下北甲	局部管控	0.67	0.78	0.72
19	大湖池	局部管控	0.62	0.66	0.69
20	梅西湖	局部管控	0.66	0.62	0.63
22	中湖池	局部管控	0.61	0.74	0.52
23	上段湖	局部管控	0.63	0.58	0.61
24	下段湖	局部管控	0.67	0.79	0.58
26	神塘湖	局部管控	0.77	0.73	0.84
28	石湖	局部管控	0.73	0.71	0.63
33	大伍湖	局部管控	0.75	0.75	0.83
36	常湖池	局部管控	0.70	0.72	0.65
37	象湖	局部管控	0.61	0.66	0.62
40	沙湖	局部管控	0.64	0.69	0.62
43	董家湖	局部管控	0.57	0.63	0.60
46	大莲子湖	局部管控	0.74	0.79	0.72
47	朱市湖	局部管控	0.65	0.71	0.76
4	三湖	自由连通	0.65	0.67	0.48

表 6-2(续)

编号	名称	连通性	栖息地适宜性		
			2018 年	2019 年	2020 年
7	林充湖	自由连通	0.71	0.72	0.64
8	西湖	自由连通	0.69	0.69	0.50
9	程家池	自由连通	0.74	0.75	0.74
10	王罗湖	自由连通	0.73	0.75	0.68
11	北口湾	自由连通	0.73	0.76	0.73
12	草湾湖	自由连通	0.71	0.76	0.77
13	蚌湖	自由连通	0.75	0.76	0.74
14	大车荒	自由连通	0.65	0.65	0.55
15	大沙坊湖	自由连通	0.53	0.49	0.38
18	边湖	自由连通	0.72	0.76	0.71
21	独洲湖	自由连通	0.71	0.72	0.76
25	金溪湖	自由连通	0.64	0.71	0.63
27	杨坊湖	自由连通	0.66	0.64	0.58
29	山南湖	自由连通	0.71	0.75	0.73
30	盘湖	自由连通	0.71	0.79	0.57
31	北汊湖	自由连通	0.76	0.76	0.79
32	晚湖	自由连通	0.76	0.80	0.78
34	饭湖	自由连通	0.62	0.73	0.51
35	交汊湖	自由连通	0.41	0.38	0.34
38	大汊湖	自由连通	0.67	0.66	0.65
39	铜扒湖	自由连通	0.52	0.52	0.42
41	沙塘池	自由连通	0.76	0.76	0.78
42	蚕豆湖	自由连通	0.60	0.71	0.58
44	泥湖	自由连通	0.67	0.78	0.76
45	东湖	自由连通	0.71	0.76	0.68
48	七金湖	自由连通	0.70	0.62	0.63

6.5 讨　论

6.5.1 典型水文年雁类时空格局变化及原因分析

研究结果表明，典型水文年下鄱阳湖栖息地适宜性的时空分布呈现显著差异：相较于平水年 2019 年，枯水年 2018 年高质量栖息地面积明显缩减，碟形湖周边区域适宜性降低。此时，中等质量栖息地在碟形湖分布广泛，而高质量栖息地更多集中于主湖区域。这主要归因于2018年水位偏低、退水时间提前，碟形湖出露较早，至12月时周边植被趋于成熟，不再符合雁类的适口性需求，促使雁类栖息地向主湖转移。洪水年2020年与2019年相比，中高质量栖息地面积锐减，夏季洪涝灾害大幅压缩了雁类可栖息空间，高适宜性栖息地仅零星分布于碟形湖周边，主湖区域适宜栖息地则显著减少。从全湖平均适宜性来看，平水年适宜性数值最高[32]，这一结论与既往鄱阳湖相关研究成果一致[20]，同时印证了极端洪水对雁类及其栖息地的破坏性更为突出。

从碟形湖的视角分析，不同水文年同样呈现明显差异：2018年，中等适宜性区域面积最大，虽然枯水年碟形湖大面积出露，拓展了雁类的活动范围，但由于淹水时长不足，植被生长过快，超出雁类最佳取食阶段，导致整体适宜性欠佳。2019年水文条件适宜，栖息地质量达到三年最佳水平，高适宜性区域面积最大，且部分碟形湖未完全出露，能够在越冬季后期持续为雁类提供潜在优质栖息地。2020年因夏季洪水致使退水延迟，碟形湖出露时间滞后，新生植被处于鲜嫩生长阶段，吸引雁类栖息；然而，当年未出露水面占比较大，且出露后受低温影响，苔草等植被生长面临较大风险，对栖息地稳定性构成潜在威胁。

6.5.2 碟形湖对鄱阳湖雁类栖息地保护的重要意义

对比鄱阳湖国家级自然保护区、南矶湿地国家级自然保护区与鄱阳湖全湖在典型水文年的差异发现：从全湖尺度来看，栖息地适宜性由高到低排序为平水年2019年、枯水年2018年、洪水年2020年；而在保护区范围内，适宜性排序则为平水年2019年、洪水年2020年、枯水年2018年，其中2020年栖息地适宜性值＞0.8的区域面积甚至达到峰值。这一差异或与研究时段(12月)的水位变化相关：12月鄱阳湖主湖因退水导致洲滩大面积出露，而保护区以碟形湖为主，其水位及洲滩出露面积受管理方式影响，导致碟形湖与主湖对雁类栖息地的贡献程度存在显著差异。

碟形湖在鄱阳湖雁类栖息地构建中发挥关键作用，这一结论在HCR指数中得到印证。数据显示，无论枯水年、平水年还是洪水年，碟形湖的HCR值均大于1，表明其提供的适宜栖息地比例高于自身面积占全湖的比例；同时，碟形湖的HCR值始终高于主湖区域，说明其转化为适宜栖息地的效率更具优势。分水文年来看，碟形湖HCR值排序为2020年＞2019年＞2018年，而主湖区域的变化趋势与之相反，依次为2018年＞2019年＞2020年。

不同水文年的生态响应呈现显著特征：2018年枯水年，因退水时间提前，碟形湖过早出露，至12月时植被已发育成熟，不再适合雁类取食，迫使雁类适宜栖息地向主湖周边的泥滩地、草洲转移。2020年洪水年，退水延迟导致鄱阳湖10月后才开始逐步出露洲滩，而此时雁类已抵达越冬地，高水位严重压缩了其栖息空间。随着碟形湖周边栖息地渐次出露，12月新露出的草洲因温度适宜、植被处于适宜取食阶段，此时碟形湖周围栖息地适宜性高。在洪水年，碟形湖为雁类提供适宜栖息地发挥了更大的作用。

6.5.3 对水文调控的建议

在枯水年，鄱阳湖因淹没时长不足导致退水提前。若碟形湖延续常规退水速度，草洲将过早出露，致使越冬季中后期(12月至次年3月)的雁类被迫迁至主湖周边觅食栖息。对此，可通过闸口调控，延迟碟形湖放水时间，使子湖在 12 月后逐步退水，持续释放适宜栖息地，从而维持越冬季雁类栖息地的稳定面积。

从鄱阳湖全湖来看，洪水年极端高水位对雁类适宜栖息地的负面影响远超枯水年。枯水年虽因植被物候与雁类迁徙时间错位，导致食物短缺，但是在洪水年过高的水位甚至导致雁类无法停留、休息，基本的生存空间都难以得到保证。尤其 2020 年越冬季“长江十年禁渔计划”的实施，致使部分碟形湖排水受限，进一步加剧了对雁类栖息地的不利影响。研究证实，极端高水位显著降低栖息地可达性，迫使雁类向人工湿地迁移。

在洪水年，由于退水延迟，碟形湖在越冬季中后期（12 月后）出露的植被恰好处于雁类适宜取食阶段，这使得该时期碟形湖的 HCR 值显著高于其他年份。因此，若在洪水年越冬季初期（10 月）通过人工抽水，及时释放碟形湖空间作为雁类栖息地，既能保障其觅食与栖息需求，也对维持雁类种群数量和生物多样性具有关键意义。

结合第 3 章研究结论，相较于平水年，枯水年和洪水年环境变化促使雁类对栖息地选择阈值做出适应性调整：适宜取食的 FD 阈值缩小，EVI 阈值范围扩大。但是雁类自身的这种调节和对环境的响应是有限度的。若雁类在鄱阳湖越冬季无法获取充足能量，将严重威胁其后续迁徙活动。

6.6　本章小结

本研究基于雁类适宜栖息地模型分析，得出以下结论：平水年鄱阳湖雁类栖息地适宜性最高、面积最大；枯水年与洪水年均导致适宜性降低、面积缩减，其中洪水年负面影响更为突出。枯水年雁类适宜栖息地集中于主湖区域；洪水年则以碟形湖区域为主。生物量 150～250 g/m^2 为雁类核心觅食地范围。碟形湖在雁类适宜栖息地构建中贡献显著，典型水文年 HCR 指数均大于 1，且通过人工调控可进一步提升生态效益。

参考文献

[1] WAUCHOPE H S, SHAW J D, VARPE Ø, et al. Rapid climate-driven loss of breeding habitat for Arctic migratory birds[J]. Global Change Biology, 2017, 23(3): 1085-1094.

[2] ZHANG Q, LI L, WANG Y G, et al. Has the Three-Gorges Dam made the Poyang Lake wetlands wetter and drier? [J]. Geophysical Research Letters, 2012, 39(20): 1-7.

[3] HIRZEL A H, LE LAY G. Habitat suitability modelling and niche theory[J]. Journal of Applied Ecology, 2008, 45(5): 1372-1381.

[4] CHASE J M, BLOWES S A, KNIGHT T M, et al. Ecosystem decay exacerbates biodiversity loss with habitat loss[J]. Nature, 2020, 584(7820): 238-243.

[5] ELITH| J, H GRAHAM| C, P ANDERSON R, et al. Novel methods improve predic-

tion of species' distributions from occurrence data[J]. Ecography, 2006, 29 (2): 129-151.

[6] VERBURG P H, NEUMANN K, NOL L. Challenges in using land use and land cover data for global change studies[J]. Global Change Biology, 2011, 17(2): 974-989.

[7] ALEXANDER P, PRESTELE R, VERBURG P H, et al. Assessing uncertainties in land cover projections[J]. Global Change Biology, 2017, 23(2): 767-781.

[8] GUISAN A, ZIMMERMANN N E. Predictive habitat distribution models in ecology [J]. Ecological Modelling, 2000, 135(2/3): 147-186.

[9] BARRY S, ELITH J. Error and uncertainty in habitat models[J]. Journal of Applied Ecology, 2006, 43(3): 413-423.

[10] WANG X, CAO L, FOX A D, et al. Stochastic simulations reveal few green wave surfing populations among spring migrating herbivorous waterfowl[J]. Nature Communications, 2019, 10(1): 2187.

[11] CLAUSEN K K, MADSEN J, COTTAAR F, et al. Highly dynamic wintering strategies in migratory geese: Coping with environmental change[J]. Global Change Biology, 2018, 24(7): 3214-3225.

[12] MILES W T S, BOLTON M, DAVIS P, et al. Quantifying full phenological event distributions reveals simultaneous advances, temporal stability and delays in spring and autumn migration timing in long-distance migratory birds[J]. Global Change Biology, 2017, 23(4): 1400-1414.

[13] SI Y L, SCHLERF M, ZURITA-MILLA R, et al. Mapping spatio-temporal variation of grassland quantity and quality using MERIS data and the PROSAIL model[J]. Remote Sensing of Environment, 2012, 121: 415-425.

[14] TAN Z Q, LI Y L, ZHANG Q, et al. Assessing effective hydrological connectivity for floodplains with a framework integrating habitat suitability and sediment suspension behavior[J]. Water Research, 2021, 201: 1-8.

[15] LI C L, LI H F, ZHANG Y, et al. Predicting hydrological impacts of the Yangtze-to-Huaihe Water Diversion Project on habitat availability for wintering waterbirds at Caizi Lake[J]. Journal of Environmental Management, 2019, 249: 1-10.

[16] ZHAO M J, CONG P H, BARTER M, et al. The changing abundance and distribution of Greater White-fronted Geese Anser albifrons in the Yangtze River floodplain: impacts of recent hydrological changes[J]. Bird Conservation International, 2012, 22 (2): 135-143.

[17] TENG J K, YU X B, XIA S X, et al. Suitable habitat dynamics of wintering geese in a large floodplain wetland: insights from flood duration[J]. Remote Sensing, 2022, 14 (4): 952.

[18] CASANOVA M T,BROCK M A. How do depth,duration and frequency of flooding influence the establishment of wetland plant communities? [J]. Plant Ecology,2000,147(2):237-250.

[19] GUAN L,WEN L,FENG D D,et al. Delayed flood recession in central Yangtze floodplains can cause significant food shortages for wintering geese:results of inundation experiment[J]. Environmental Management,2014,54(6):1331-1341.

[20] YAO S Y,LI X Y,LIU C L,et al. New assessment indicator of habitat suitability for migratory bird in wetland based on hydrodynamic model and vegetation growth threshold[J]. Ecological Indicators,2020,117:1-12.

[21] WU X X,LV M,JIN Z Y,et al. Normalized difference vegetation index dynamic and spatiotemporal distribution of migratory birds in the Poyang Lake wetland,China [J]. Ecological Indicators,2014,47:219-230.

[22] WANG X,FOX A D,CONG P H,et al. Food constraints explain the restricted distribution of wintering Lesser White-fronted GeeseAnser erythropusin China[J]. Ibis,2013,155(3):576-592.

[23] XIA S X,LIU Y,WANG Y Y,et al. Wintering waterbirds in a large river floodplain:Hydrological connectivity is the key for reconciling development and conservation [J]. Science of the Total Environment,2016,573:645-660.

[24] HEUERMANN N,VAN LANGEVELDE F,VAN WIEREN S E,et al. Increased searching and handling effort in tall swards lead to a Type IV functional response in small grazing herbivores[J]. Oecologia,2011,166(3):659-669.

[25] WEI J,XIN Q C,JI L Y,et al. A new satellite-based indicator to identify spatiotemporal foraging areas for herbivorous waterfowl[J]. Ecological Indicators,2019,99:83-90.

[26] WIEGAND T,NAVES J,GARBULSKY M F,et al. Animal habitat quality and ecosystem functioning:exploring seasonal patterns using ndvi[J]. Ecological Monographs,2008,78(1):87-103.

[27] GARROUTTE E,HANSEN A,LAWRENCE R. Using NDVI and EVI to map spatiotemporal variation in the biomass and quality of forage for migratory elk in the greater Yellowstone ecosystem[J]. Remote Sensing,2016,8(5):404.

[28] NAGENDRA H,LUCAS R,HONRADO J P,et al. Remote sensing for conservation monitoring:assessing protected areas,habitat extent,habitat condition,species diversity,and threats[J]. Ecological Indicators,2013,33:45-59.

[29] YUAN Y J,ZENG G M,LIANG J,et al. Effects of landscape structure,habitat and human disturbance on birds:a case study in East Dongting Lake wetland[J]. Ecological Engineering,2014,67:67-75.

[30] SUN C Z,ZHEN L,WANG C,et al. Impacts of ecological restoration and human activities on habitat of overwintering migratory birds in the wetland of Poyang Lake, Jiangxi Province,China[J]. Journal of Mountain Science,2015,12(5):1302-1314.

[31] JACOBY D M P,FREEMAN R. Emerging network-based tools in movement ecology [J]. Trends in Ecology & Evolution,2016,31(4):301-314.

[32] 胡振鹏,葛刚,刘成林. 越冬候鸟对鄱阳湖水文过程的响应[J]. 自然资源学报,2014,29(10):1770-1779.

第 7 章　洪泛湿地食草雁类栖息地时空格局演变

由于人类活动和气候变化，世界上三分之二以上的长河受到大坝的阻隔[1]。水文状况的变化将影响湿地生态系统的结构和功能[2-4]，特别是水鸟的栖息地功能[5,6]。例如，洪水频率和持续时间会影响植被分布、生长物候和生物量[7-9]，这决定了植食性水鸟食物可获得性[10]。然而，目前关于物种位置和分布信息依然较少[11]，对水鸟栖息地的长期准确评估仍具有挑战性。

东亚约 70%的植食性水鸟种群在长江中下游湿地越冬[12]，说明长江中下游湿地对迁徙水鸟的生存和迁徙路线的保护至关重要[6]。长江中下游雁类种群数量呈波动下降趋势，分布集中于与长江连通的湖泊[13,14]。鄱阳湖是中国最大的淡水湖，也是仅存的两个与长江相连的湖泊之一[15]。近年来，鄱阳湖的水文特征发生了显著变化，表现出枯水期提前、秋冬水位下降快、枯水期长、水位低的特点[16-18]。此类水文变化将改变适合雁类栖息地的食物资源的分布范围和生长模式，并降低湿地的栖息地承载能力[19]。

长江水位和流量变化会影响鄱阳湖的水面分布，导致鄱阳湖水位的季节性变化[20]。长期监测显示，鄱阳湖的水面面积正在缩小，尤其是在枯水期[21,22]。湖泊湿地干涸的原因可能是由长江流域近年来的气候变化导致的[22]。研究表明，与过去 20 年相比，2000—2011 年间的年均降水量下降了 7.8%[23]。此外，上游水库群的建设和运行，如三峡大坝，同样被认为是导致干旱的主要因素[7,8,24]。人工调节的长江水位改变了与长江相连的湖泊出水口的自然水位梯度，影响了下游湖泊和湿地系统的淹没模式[23]。这些变化给湿地生态系统的生态功能带来了严重挑战[16]。

在鄱阳湖，雁类是优势种群，例如白额雁和豆雁，它们以早期生长的苔草为食。动物分布动态在很大程度上受到食物资源空间分布的影响。越冬季植物的生长过程和生物量可以通过遥感反演的植被指数来监测，植被指数被广泛用于识别雁类的栖息地[25,26]。雁类对食物资源有一定的觅食偏好，其适宜植被指数集中在一个特定的阈值上[27]。

通过建立生物量和栖息地适宜性的关系，我们发现，无论是洪水年、平水年、枯水年，雁类生物量取食阈值基本不变，为 150～250 g/m^2。有研究通过提取早期生长阶段的植被指数，发现雁类更喜欢取食处于早期生长阶段的植被，但是往往早期生长的范围难以界定。通过雁类适宜栖息地模型和遥感生物量反演得到了雁类最适宜取食食物生物量的阈值范围。雁类栖息分布虽然受到水文条件变化的影响，但是最符合其要求的食物生物量范围是固定的，此生物量范围内的植被适口性最佳，吸收率最好，是雁类的觅食地。

本章以鄱阳湖星子站的水文数据为基础，结合多项水文指标，分析鄱阳湖 40 年来的水文变化。同时利用陆地卫星数据和水鸟 GPS 跟踪数据确定白额雁和豆雁适宜的栖息地所需的植被指数(NDVI)阈值范围，基于阈值范围提取了不同越冬期适宜生境的分布格局，讨论了鄱阳湖水位与雁类栖息地之间的关系，以及对湿地的合理利用及其对水鸟保护的影响。

7.1 数据来源及方法

7.1.1 雁类食物资源评估方法

NDVI 指数可基于 Landsat 4 TM、Landsat 5 TM 以及 Landsat 8 OLI 的地表反射率(SR)计算得出。其中，Landsat 4 TM 和 Landsat 5 TM 各包含 7 个波段，Landsat 8 OLI 则有 11 个波段，其近红外(NIR)和红色波段的空间分辨率为 30 m，时间分辨率为 16 天。Landsat 4 TM 和 Landsat 5 TM 的 SR 产品是通过 Landsat 生态系统扰动自适应处理系统算法(LEDAPS，版本 3.4.0)生成的，而 Landsat 8 OLI 的 SR 产品则由地表反射率算法(LaSRC)创建。

植被指数基于 Landsat 系列卫星数据计算，主要处理步骤包括去除云层和云影的遮蔽影响。具体而言，可通过质量波段对云进行过滤，以规避阴影干扰。NDVI 的计算公式如下：

$$\mathrm{NDVI}=\frac{\rho_{\mathrm{nir}}-\rho_{\mathrm{red}}}{\rho_{\mathrm{nir}}+\rho_{\mathrm{red}}} \tag{7-1}$$

式中，ρ_{red}表示陆地卫星的红色波段，ρ_{nir}表示陆地卫星近红外波段。

通过将水鸟 GPS 跟踪数据与相应时间的 NDVI 耦合，获得适合雁类栖息地的 NDVI 阈值范围。根据该范围确定了 1982 年至 2020 年越冬雁类适宜栖息地的分布区域。NDVI 数据被分为两个数据集：

(1) 用于与 GPS 跟踪数据时空耦合的 Landsat 系列数据时间表(表 7-1)。利用最大洪水年(2020 年)的卫星图像，提取了鄱阳湖的自然湿地边界。

表 7-1 用于与 GPS 跟踪数据时空耦合的 Landsat 系列数据时间表

Landsat 时间表	
2018-2-5	2020-3-14
2018-3-9	2020-9-6
2018-10-3	2020-10-8
2019-1-23	2021-1-12
2019-3-12	2021-1-28
2019-9-4	2021-9-25
2019-9-20	2021-11-12

NDVI 数据时间表是通过用于与 GPS 跟踪数据进行时空耦合的影像获得的，以提取适宜雁类栖息植被指数阈值，且 NDVI 影像可以完全覆盖鄱阳湖自然湿地的边界。2018—2021 年 NDVI 数据用于获取雁类适宜栖息地的 NDVI 阈值范围。将同一天的 NDVI 数据镶嵌为同一景，选择其中可以完全覆盖鄱阳湖湿地范围的数据，得到 NDVI 日期表。

(2) 用于提取雁类栖息地的 Landsat 卫星年份表(表 7-2)。根据雁类的种群动态和越冬需求，将越冬期分为三个时期(到达阶段，9 月至 10 月；稳定阶段，11 月至 12 月；春季迁徙准备阶段，1 月至 2 月)。为了表示三个越冬期植被生长的平均情况，计算了不同时期每个栅格的 NDVI 中位数。删除了 NDVI 数据无法覆盖鄱阳湖整个自然湿地边界的不完整影像，以确保基于 NDVI 提取的适宜栖息地之间的可比性。所有处理步骤都是在 GEE 云计算平台上完成的。

表 7-2　用于提取雁类栖息地的 Landsat 卫星年份表

年份	到达阶段	稳定阶段	春季迁徙准备阶段
1982			
1983			
1984			
1985			
1986			
1987		√	
1988	√	√	
1989	√	√	
1990			√
1991	√		
1992		√	
1993		√	√
1994		√	
1995	√	√	
1996	√	√	√
1997	√		√
1998			
1999	√	√	
2000	√	√	
2001	√	√	
2002	√	√	√
2003	√		
2004	√	√	√
2005	√		√

表 7-2(续)

年份	到达阶段	稳定阶段	春季迁徙准备阶段
2006		√	
2007	√		√
2008	√	√	
2009	√		√
2010			√
2011	√		
2012			
2013	√	√	
2014	√		√
2015	√		
2016		√	√
2017	√	√	
2018	√		√
2019	√	√	√
2020	√		
合计	24	19	14

7.1.2 水文变化指标

本研究使用了鄱阳湖星子站 1982 年 1 月 1 日—2020 年 12 月 31 日的水位数据，数据来源于江西省水利厅。星子站位于五大河流交汇后的鄱阳湖河道左岸。选择了以下四个水文指标评估鄱阳湖的长期水文变化趋势。

(1) 判断水文年。历史日平均水位数据是使用星子水文站 1953 年至 2020 年的数据计算的。日水位(1982—2020)与历史日平均水位之间的偏差总和由以下公式计算。

$$SD_j = \sum_{i=1}^{n} |W_i - WA_i| \tag{7-2}$$

式中，SD_j 是 1982 年至 2020 年第 j 年的偏差总和；W_i 是一年中第 i 天的水位；WA_i 是 1982 年至 2020 年第 i 天的平均水位。所有年份中，偏差总和的前 25％判定为洪水年，20％～75％为正常年，其余为枯水年。

(2) 年平均水位。本研究中使用的水位数据来自鄱阳湖星子水文站。根据星子站的水位数据计算的 1982 年至 2020 年的年平均水位。

(3) 日平均水位。分别计算了 1982 年至 2003 年和 2004 年至 2020 年的日平均水位。

(4) 水体面积。基于 Landsat 系列数据，使用 Teng 等的水提取方法来获得水面分布和面积。

(5) 水体斑块密度(PD)。斑块密度用于衡量景观破碎化程度[28]，反映了景观尺度上的空间配置和结构组成[29]。通过计算水体斑块密度，分析鄱阳湖水文在分布和结构上的变化特征。水鸟可能栖息在水域广阔的地区，以避免人为干扰。因此，在某种程度上，我们可以说开阔水体的斑块密度值越低，该环境就越不适合水鸟栖息。根据以下公式计算水体斑块密度(PD)：

$$\mathrm{PD}=\frac{N}{A}$$

式中，N 是水体斑块的数量(水体斑块是通过对提取的开放水面进行矢量化，并计算封闭水面的数量得到的)；A 为水体面积，m^2。

7.2　鄱阳湖近 40 年水文变化特征

根据本研究对丰水年、平水年、枯水年的分类标准，1982—2020 年期间共有 10 个洪水年、20 个平水年和 9 个枯水年。图 7-1 展示了不同水文年相对于历史日平均水位的差异，结果表明该分类方法基本能够反映每年实际的水文状况。具体来看，2003 年以前仅有 1 个枯水年(1986 年)，而 2003 年之后枯水年增至 8 个，洪水年仅有 2020 年 1 个。1982—2020 年，离差之和整体呈下降趋势。

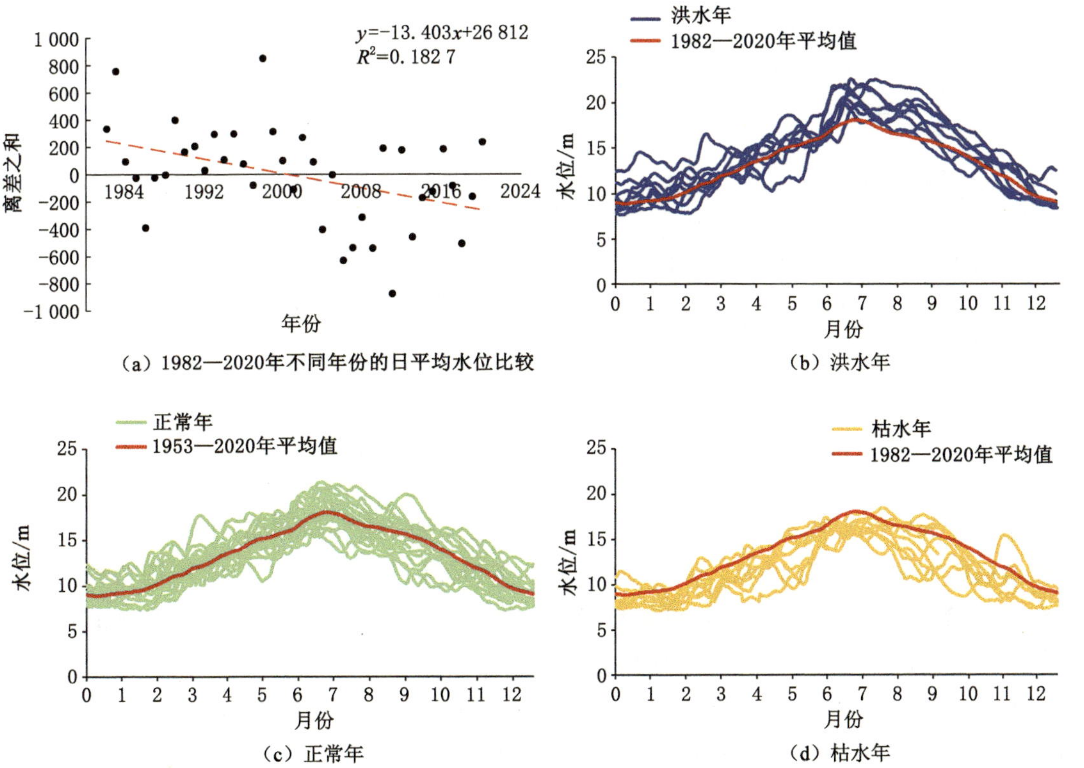

(a) 1982—2020年不同年份的日平均水位比较　(b) 洪水年

(c) 正常年　(d) 枯水年

图 7-1　星子站年水位偏差总和随时间的变化趋势

由表 7-3 可知，1982—1991 年这十年间，有 4 个洪水年、5 个平水年和 1 个枯水年；1992—2001 年，洪水年和平水年数量大致相当；2002—2011 年，枯水年明显增多，这十年间有 6 个枯水年（2006—2009 年连续四年均为枯水年），仅有 2002 年 1 个洪水年，下一个洪水年则出现在 2020 年；2012—2020 年，平水年数量增多，枯水年较之前减少，包含 6 个平水年、2 个枯水年和 1 个洪水年（2020 年）。综合来看，这 40 年间水位总体呈下降趋势。

表 7-3　1982—2021 年水文年分类结果

年份	类型	年份	类型
1982	洪水年	2002	洪水年
1983	洪水年	2003	平水年
1984	平水年	2004	枯水年
1985	平水年	2005	平水年
1986	枯水年	2006	枯水年
1987	平水年	2007	枯水年
1988	平水年	2008	枯水年
1989	洪水年	2009	枯水年
1990	平水年	2010	平水年
1991	洪水年	2011	枯水年
1992	平水年	2012	平水年
1993	洪水年	2013	枯水年
1994	平水年	2014	平水年
1995	洪水年	2015	平水年
1996	平水年	2016	平水年
1997	平水年	2017	平水年
1998	洪水年	2018	枯水年
1999	洪水年	2019	平水年
2000	平水年	2020	洪水年
2001	平水年		

如图 7-2 所示，1982—2020 年，星子站年平均水位呈显著下降趋势，其中年平均水位最大值出现在 1983 年（15.36 m），最小值为 2011 年（10.91 m）。对比 2003 年前后的日均水位发现，达到 10 m 水位的平均时间从 DOY351 提前至 DOY336[DOY：Day of year，一年中的某一天]，提前了约半个月；2003 年前后的平均水位从 13.75 m 下降至 12.64 m，降幅达 1.11 m。尽管 1982—2020 年不同越冬期水面面积的变化未通过相关性检验，但 2020 年作为洪水年，其水面面积为历史最高[30]。剔除 2020 年后的数据显示，雁类到达期水面面积呈显著下降趋势（$R^2=0.57$，$p=0.05$），而雁类到达期水体斑块密度呈显著上升趋势，其他两个时期（如越冬期、迁徙期）则无显著变化。

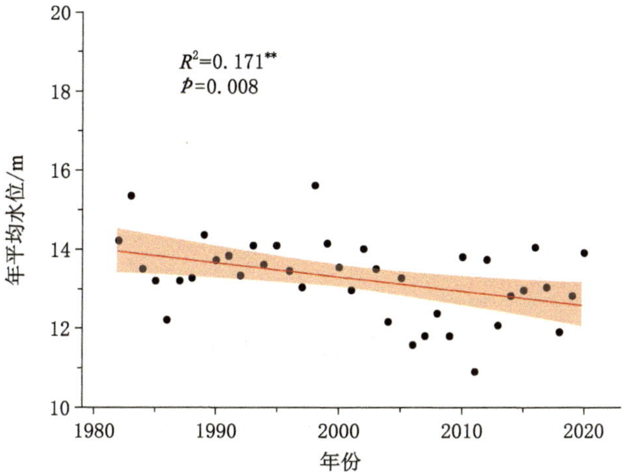

图 7-2　1982—2020 年鄱阳湖星子站多年平均水位变化趋势

如图 7-3 所示，从星子站 2003 年前后的日均水位变化来看，2003 年之前的日均水位总体高于 2003 年之后。日均水位峰值基本出现在 DOY 为 200 时，但 2003 年前后该时间点的日均水位相差约 1.1 m。与 2003 年前相比，2003 年后日均水位低于 10 m 的总天数更多。2003 年前日均水位范围的均值为 13.75 m，2003 年后降至 12.64 m 左右，且水位范围最高值从 2003 年前的 18.75 m 下降至 17.76 m，最低值也由 9.34 m 降至 8.47 m，表明 2003 年后水位呈下降趋势。

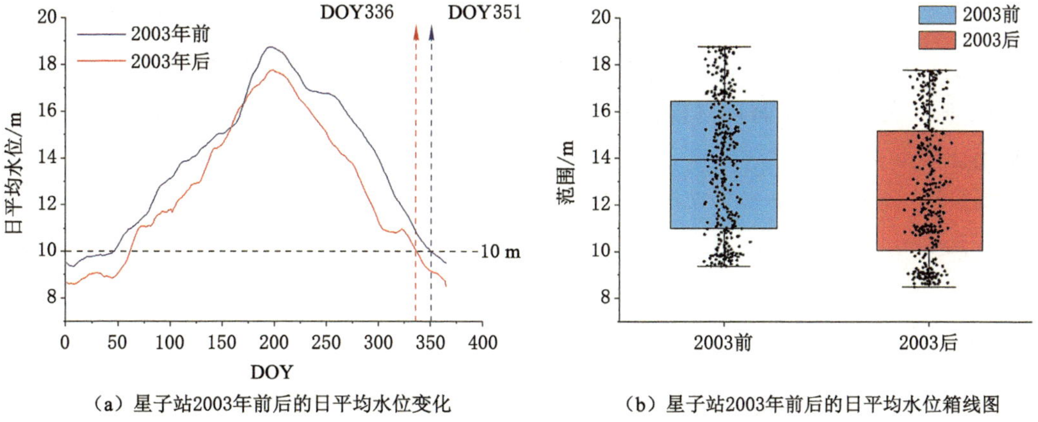

图 7-3　星子站 2003 年前后水文特征变化

鄱阳湖水鸟的活动阶段可划分为：9～10 月为到达期，11～12 月为稳定期，1～2 月为春季迁徙准备期。1985—2020 年监测显示(图 7-4)，到达期(9～10 月)水面面积呈下降趋势，其中最大面积出现在 1999 年，最小面积为 2011 年，多数年份面积分布在 1 510 km^2 至 3 090 km^{2}之间；稳定期(11～12 月)水面面积整体低于到达期，峰值出现在 2000 年(约

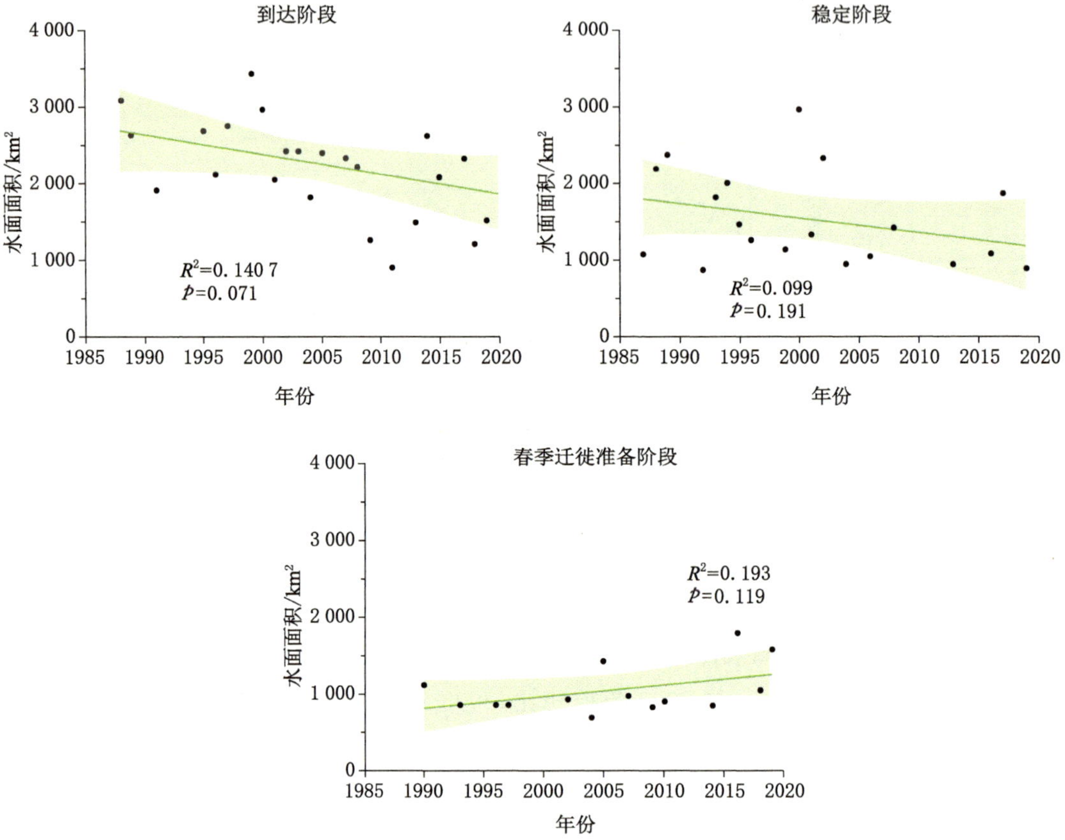

图 7-4　鄱阳湖不同越冬期水面面积的变化

2 978 km²)，最低值为 1992 年；春季迁徙准备期(1～2 月)水面面积均低于 2 000 km²，集中在 1 000 km² 左右，最大面积出现在 2016 年，最低值为 2004 年，该阶段面积变化趋势不明显，略有上升。

如图 7-5 所示，1985—2020 年，鄱阳湖水鸟到达期(9～10 月)和稳定期(11～12 月)的

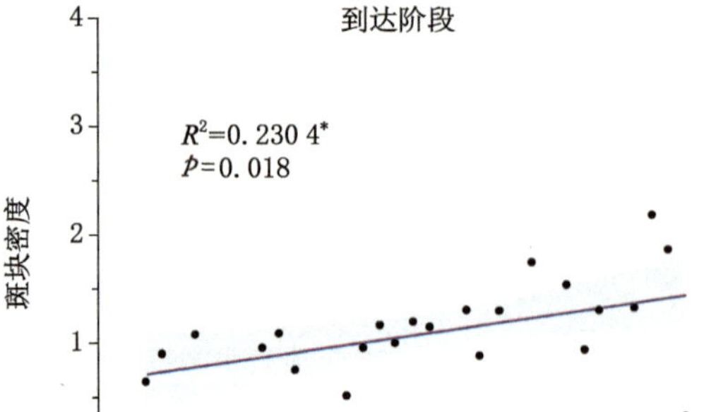

图 7-5　鄱阳湖不同越冬期水体斑块密度的变化

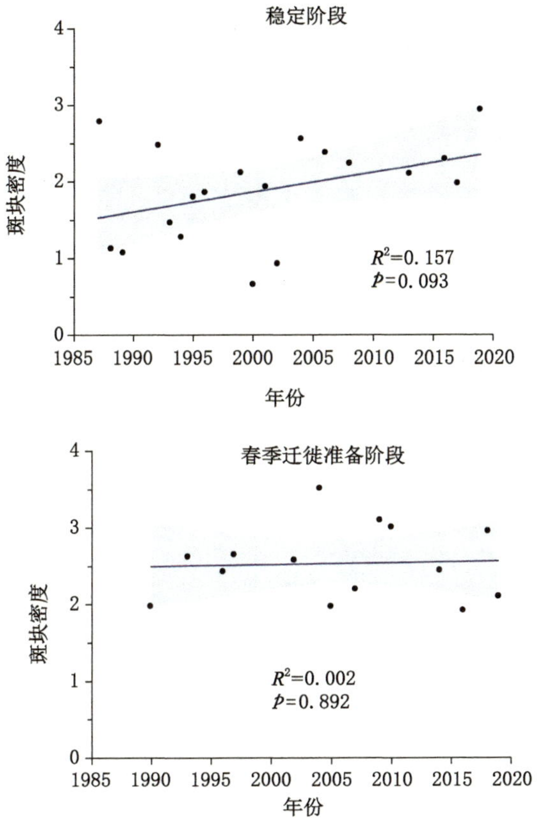

图 7-5 （续）

水体斑块密度呈上升趋势，春季迁徙准备期（1～2 月）趋于平缓。斑块密度随时间增大，表明水体破碎化加剧，水域连通性降低。具体表现为：到达期，斑块密度平均值为 1.10，2018 年达峰值（2.18），1999 年最低（0.23）。剔除极端年份（如 2020 年洪水年）后，整体上升趋势显著，密度集中在 0.7～1.1 之间。稳定期，斑块密度整体高于到达期，平均值为 1.91，峰值出现在 2019 年（2.95），最低值为 2000 年（0.68），密度范围主要在 1.1～3.0 之间。春季迁徙准备期，斑块密度为三阶段中最高，平均值达 2.54，2004 年峰值为 3.51，2016 年最低为 1.93。

7.3　雁类适宜栖息地的 NDVI 阈值范围

白额雁的最高分布概率对应于 NDVI 值为 0.13，累计分布概率超过 50％的 NDVI 阈值为 0.01～0.27［图 7-6（a）］。豆雁的最大分布概率对应 NDVI 值为 0.19，累计分布概率超过 50％的 NDVI 阈值为 0.06～0.33［图 7-6（b）］。白额雁和豆雁的适宜 NDVI 阈值重叠范围为 0.06～0.27。

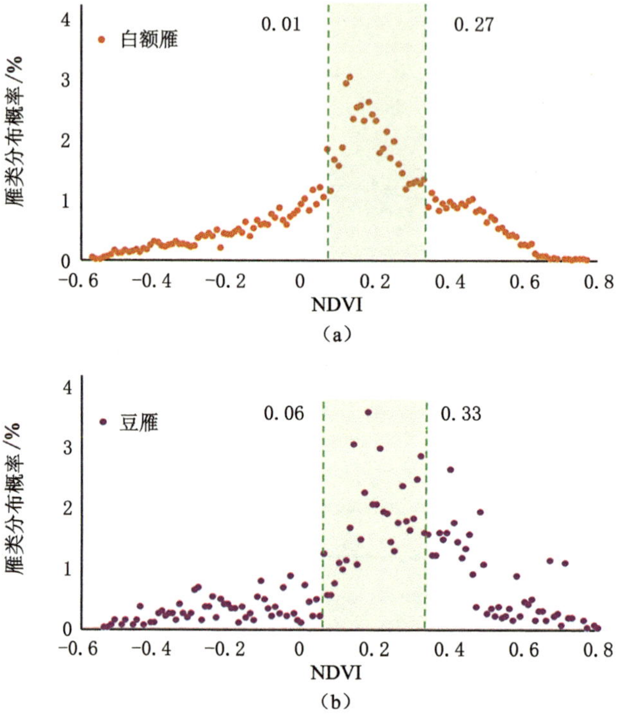

图 7-6 雁类分布概率与 NDVI 关系(绿色区域:累计分布概率>50%)

7.4 雁类栖息地与水文变化的关系

根据白额雁与豆雁的适宜 NDVI 阈值范围,提取了 1982—2020 年的栖息地分布和面积(附图 1~6)。结果显示(图 7-7),在 2003 年之前,两种雁类栖息地面积没有明显的变化趋势。白额雁的适宜栖息地面积在 2003 年后的到达阶段($R^2=0.5871$, $p<0.01$)和稳定阶段($R^2=0.5752$, $p<0.05$)显著减少。根据拟合公式推算,2003—2020 年,适宜栖息地面积在到达阶段减少了 683 km^2,在稳定阶段减少了 612 km^2。

豆雁也呈现类似趋势(图 7-8),2003 年之后其到达阶段适宜栖息地面积减少了 591 km^2($R^2=0.4988$, $p<0.05$)。总之,自 2003 年以来,白额雁和豆雁的适宜栖息地面积有所减少,尤其是在到达阶段。

对白额雁和豆雁的栖息地面积与星子站同期平均水位进行了拟合分析。白额雁和豆雁的栖息地面积随着水位的升高而缓慢增加,当水位高于一定值时,栖息地面积明显减少(图 7-9)。这种现象在雁类的到达阶段最为明显,在春季迁徙准备阶段最不明显。

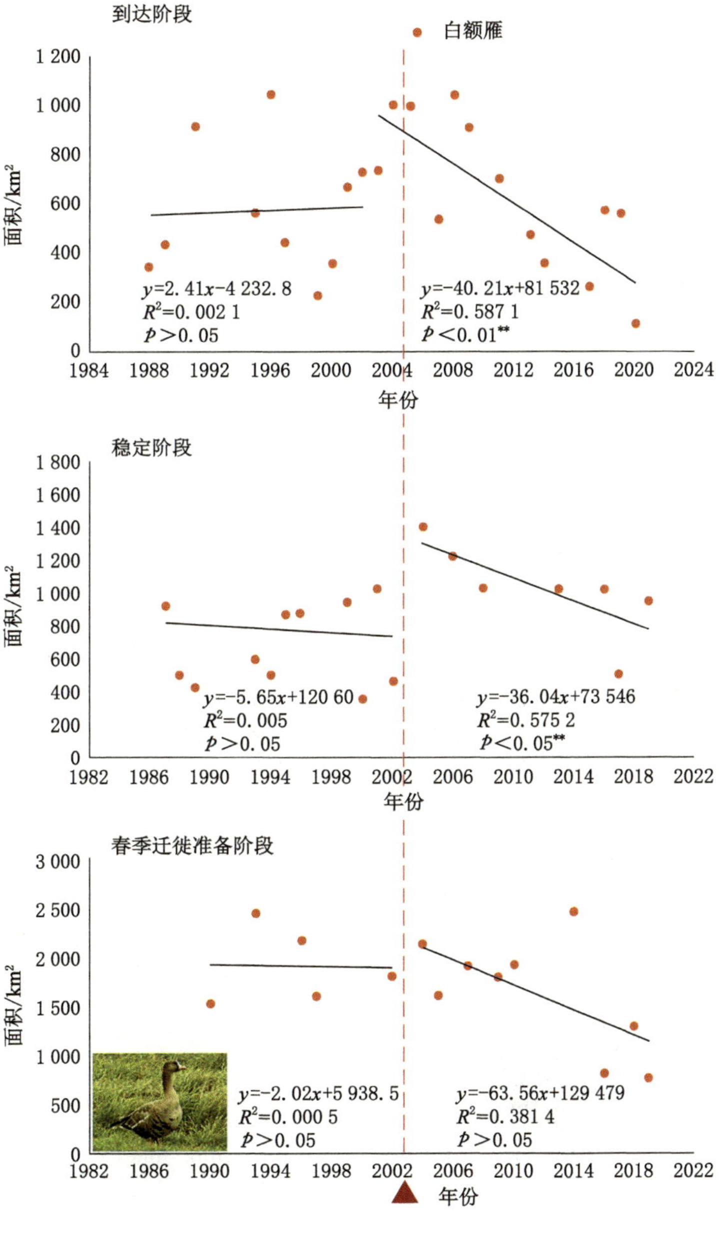

图 7-7　鄱阳湖白额雁适宜栖息地面积越冬季不同时期的变化趋势

（红色三角：2003 年三峡大坝开始运行）

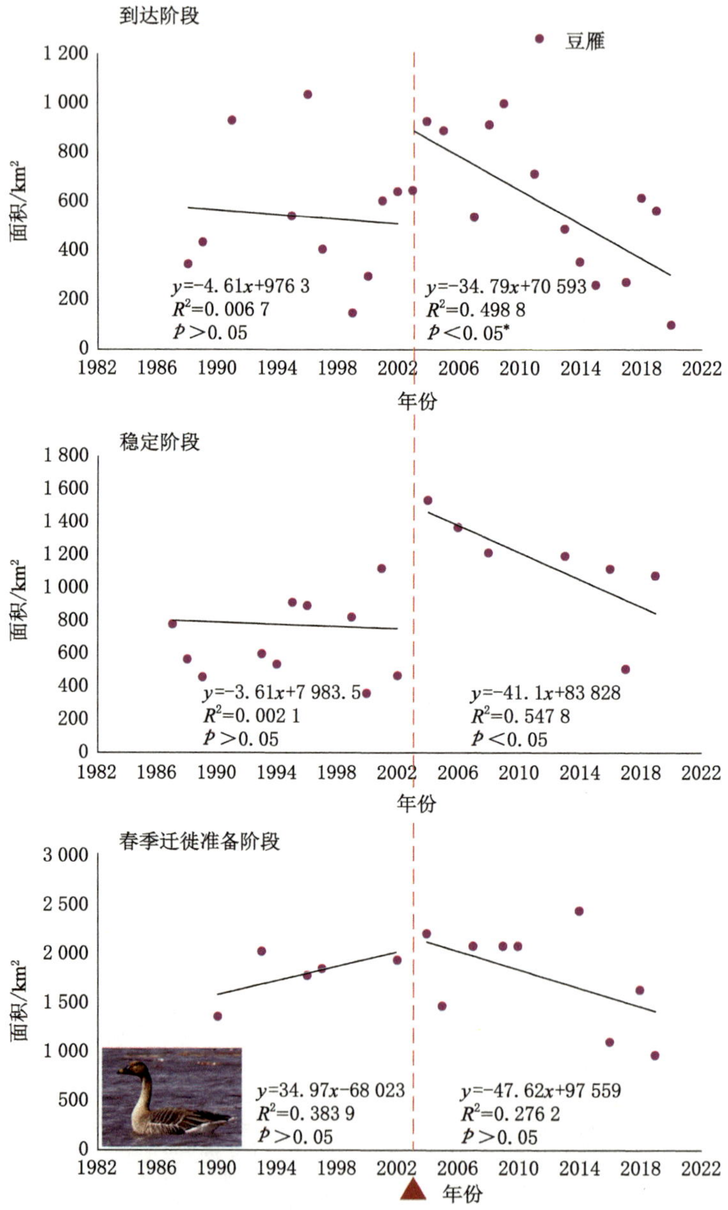

图 7-8　鄱阳湖豆雁适宜栖息地面积越冬季不同时期的变化趋势

（红色三角：2003 年三峡大坝开始运行）

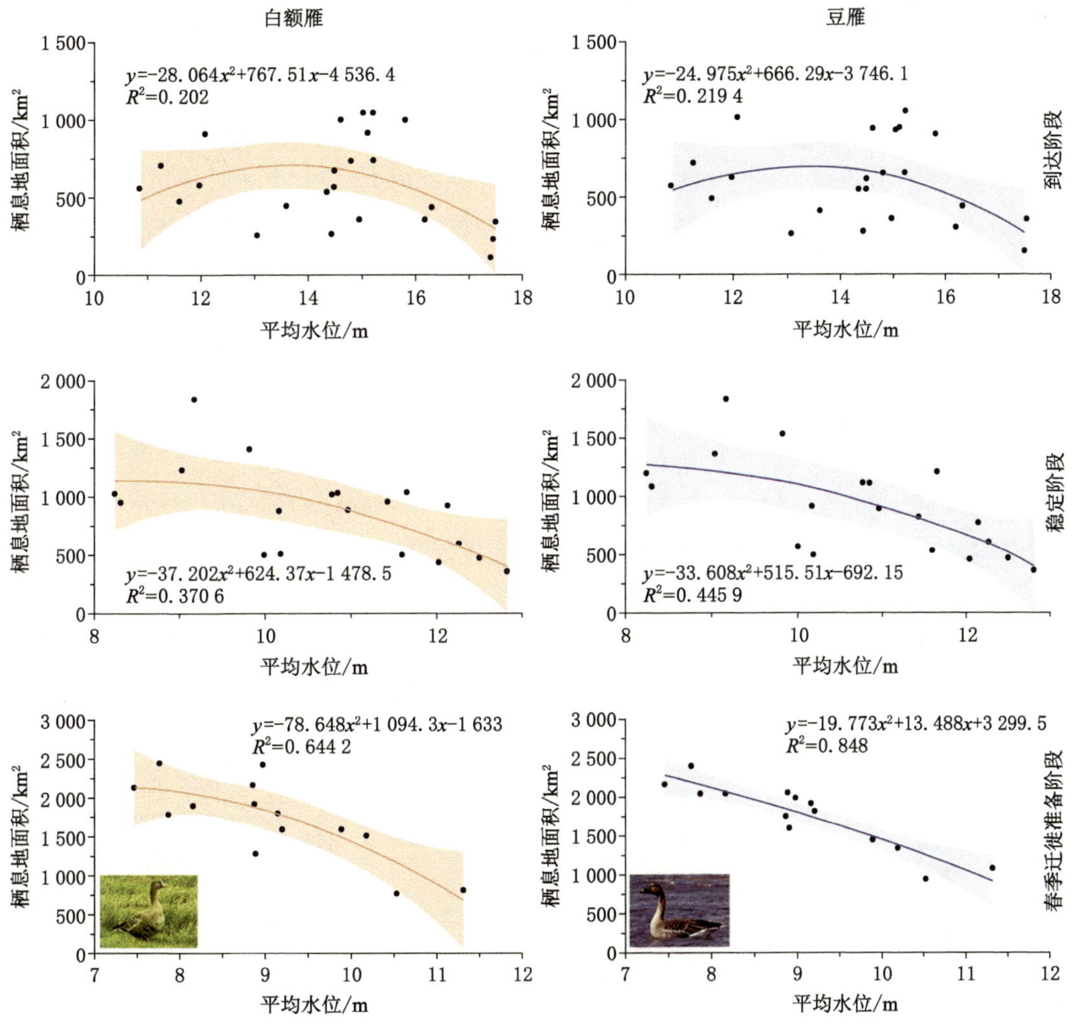

图 7-9　白额雁和豆雁栖息地面积与星子站水位关系

7.5　适宜栖息地的时空格局变化

通过比较 2003 年前后白额雁和豆雁的适宜栖息地分布(图 7-10 和图 7-11)，计算了重心与自然湿地的欧式距离。在到达期，白额雁和豆雁的适宜栖息地质心分别向湖心移动了 159 m 和 891 m；在稳定期，两者重心分别移动了 639 m 和 4 763 m；在春季迁徙准备阶段，两者重心分别移动了 332 m 和 1 767 m。这意味着白额雁和豆雁的适宜栖息地分布逐渐更加集中，并向湖心移动。

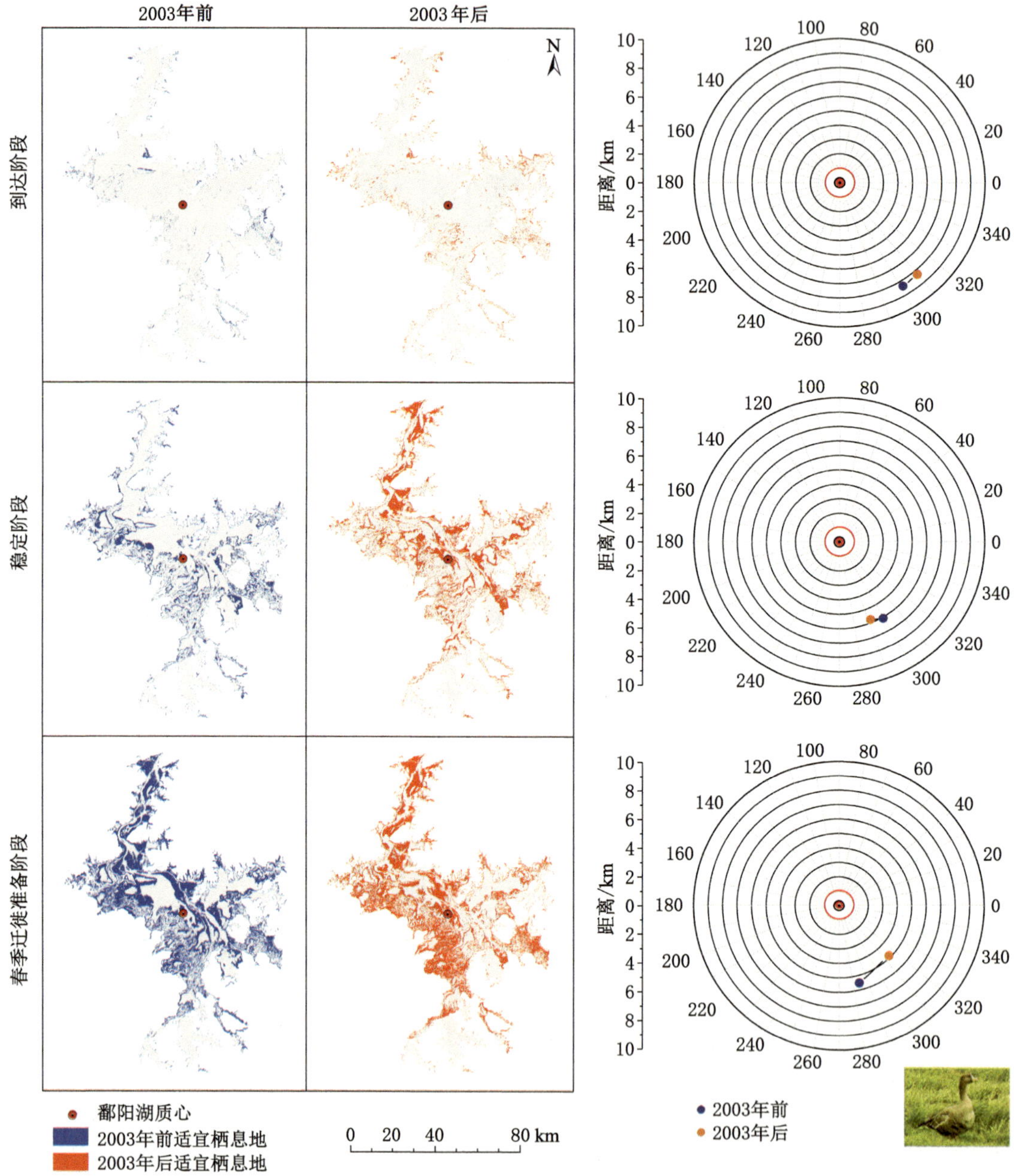

（a）2003年前后白额雁适宜栖息地的空间变化　　（b）2003年前后白额雁栖息地重心的变化

图 7-10　2003 年前后白额雁适宜栖息地的空间格局与重心变化

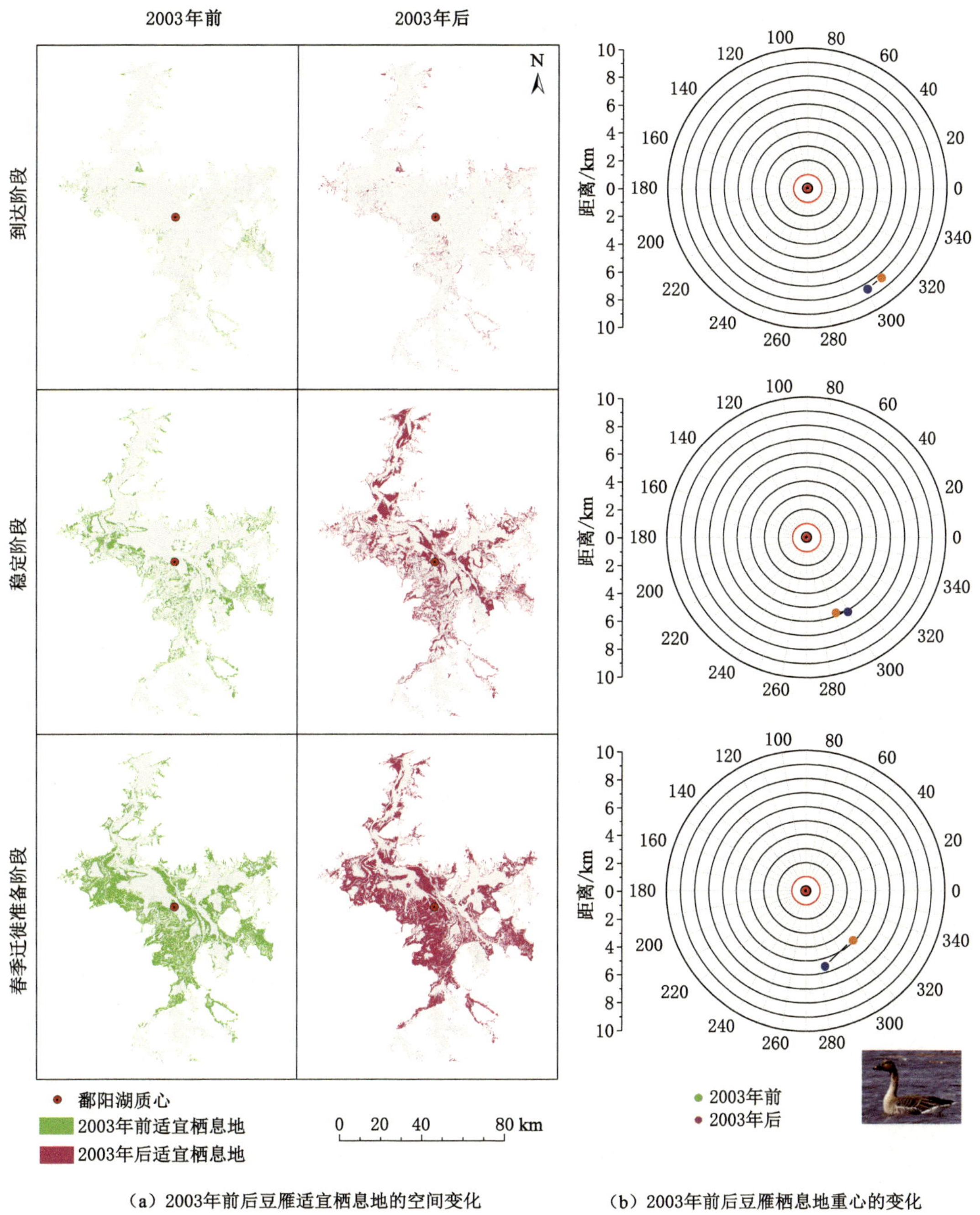

图 7-11　2003 年前后豆雁适宜栖息地的空间格局与重心变化

同时计算了白额雁和豆雁适宜栖息地分布范围的平均高程如图 7-12 所示。白额雁和豆雁适宜栖息地的平均高程(DEM)在到达阶段和稳定阶段下降，而在春季迁徙准备阶段中没有显著变化趋势。2003 年前后，白额雁适宜栖息地的平均高程在到达阶段下降了 0.78 m，在稳定阶段下降了 1.09 m。豆雁适宜栖息地的平均高程在到达阶段下降了 0.94 m，在稳定阶段下降了 1.19 m。总之，2003 年前后，在到达阶段和稳定阶段，越冬雁类栖息地的平均高程下降了约 1 m。

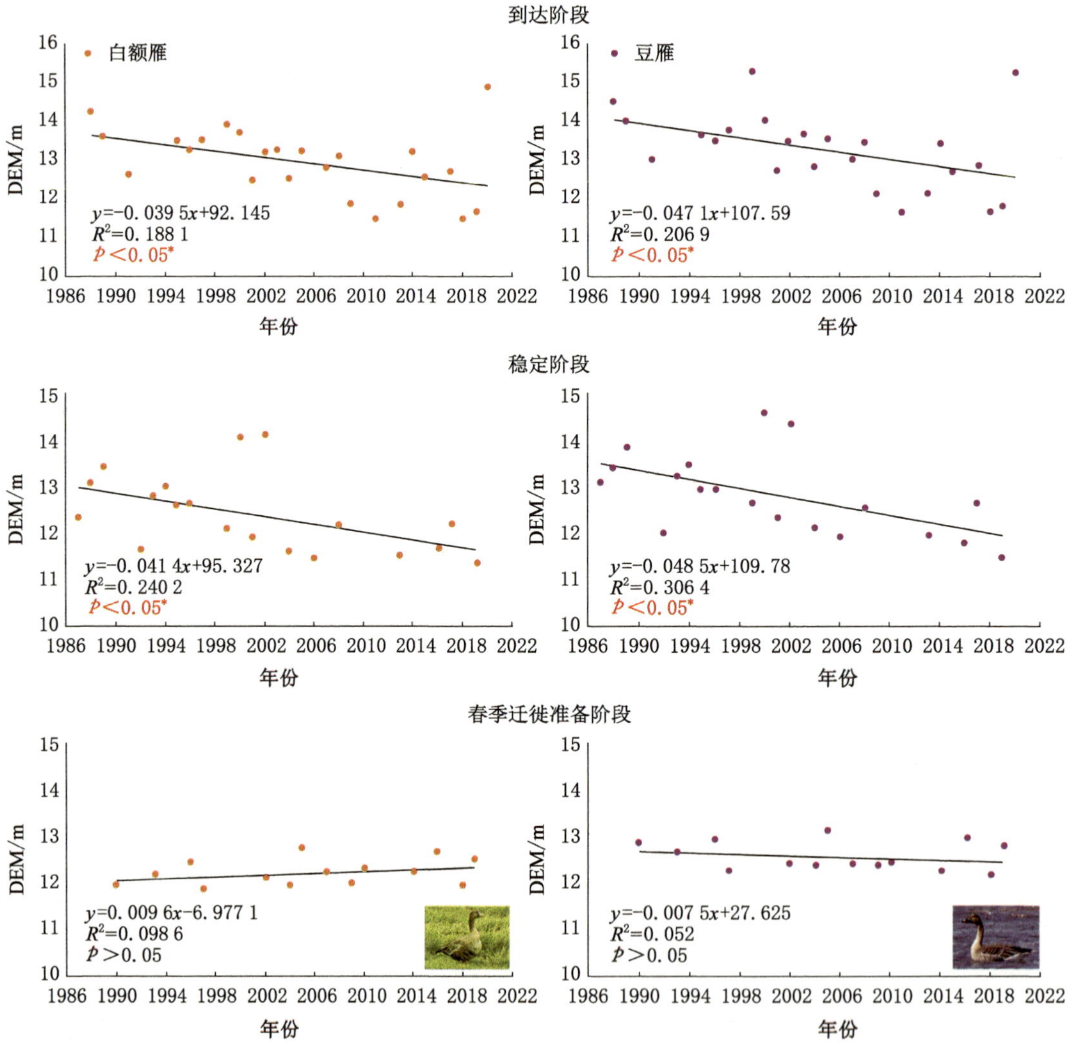

图 7-12　白额雁和豆雁适宜栖息地分布的平均高程变化趋势

7.6 讨　　论

基于 NDVI 阈值范围，研究提取了 1982—2020 年越冬季不同时段白额雁和豆雁的栖息地面积。结果显示，两个物种的适宜栖息地面积变化趋势相似：2003 年前面积无明显波动，2003 年后则显著下降，尤其在水鸟到达期和稳定期表现突出。值得注意的是，2003 年后初期，栖息地面积仍维持在较高水平，这归因于水位与栖息地面积的动态关系——水位下降初期，更多滩涂裸露，栖息地面积短暂上升，随后因持续干旱逐渐缩减。鄱阳湖近 40 年的水文指数分析表明，该区域呈现干旱化趋势，水体破碎化加剧，这与已有研究结论一致[21,31]。相较于极端洪水对栖息地的短期剧烈破坏，干旱对湿地栖息地功能的影响更为隐蔽，不易引起人类警觉[27]。然而，长期持续的干旱仍将对雁类栖息地造成不可逆的严重威胁。

研究结果显示，白额雁和豆雁的适宜栖息地正逐渐向湖心区域收缩，且在水鸟到达期和稳定期，其栖息地平均海拔呈下降趋势，鄱阳湖的持续干旱被认为是导致该现象的主因。雁类对食物具有高度选择性，偏好取食早期生长的植被[26]。而水位下降显著改变了湿地的组成与结构，促使其从水域、泥滩向植被群落转变[7]。植被分布格局调整，各类植被群落向低海拔区域迁移，且生长时间提前[8,21]。值得注意的是，鄱阳湖可供给雁类栖息的“缩小的空间”是有限的。

已有研究指出，三峡大坝的运行显著改变了长江下游水情[8]，秋季长江流量与水位下降，冬春季节则有所上升，这一变化干扰了鄱阳湖水位的自然节律[32]。人工调节的长江水位改变了湖泊出水口的自然梯度，重塑了下游湖泊与湿地的淹没模式。白额雁和豆雁栖息地面积在到达期的显著缩减，与三峡大坝蓄水期高度吻合[16,31,33]。此外，东亚-澳大利西亚候鸟迁飞路线上的水鸟，秋季迁徙时停留次数通常少于春季，到达越冬地时体能消耗巨大，急需大量食物补充[34-35]。因此，适宜栖息地萎缩与食物资源匮乏，给雁类的生存与种群稳定带来严峻挑战。

需要强调的是，鄱阳湖的水文变化与气候变化紧密相关，这增加了研究结论的不确定性[36]。自 2000 年起，长江流域极端天气事件频发，严重威胁下游湖泊生态系统的可持续性[37]。鄱阳湖当地气象和水文站数据显示，区域气温呈上升趋势[21]，加剧了湖泊蒸发量[23]。三峡工程运行与气候变化的双重作用，共同推动了鄱阳湖水位下降，致使湖泊退水时间提前、洲滩过早裸露，导致植食性水鸟抵达时，食物资源的适口性显著降低[19,38]。这种物种与食物间的物候不匹配，已导致种群数量下滑，如洞庭湖越冬小白额雁数量的减少便是例证[39]。

综上所述，干旱引发的水鸟到达时间与植被物候失调，是导致栖息地缩减和雁类食物短缺的关键因素。建议鄱阳湖最佳退水时间宜控制在 10 月初至中旬[5]，合理的退水过程是维持适宜栖息地面积和食物供给的重要保障[40,41]。从流域管理层面，需优化三峡工程调度方案，降低对中下游水位的负面影响；在枯水期，应强化长江中下游水库及鄱阳湖子湖的水位生态调控。此外,还应结合植食性水鸟与湿地植被保护需求,采取人工干预措施,科学调节植物生长节律。

7.7 本章小结

根据 GPS 跟踪数据与 Lansat 系列数据计算的 NDVI 进行时空匹配,确定了白额雁和豆雁的适宜栖息地阈值范围,分别为 0.01～0.27 和 0.06～0.33。2003 年以后,白额雁和豆雁的适宜栖息地减少,尤其是在雁类到达鄱阳湖期间(9～10 月)。从 2003 年到 2020 年,白额雁栖息地面积减少了 683 km^2,豆雁下降了 591 km^2。结果表明越冬雁类栖息地面积变化与鄱阳湖干旱化趋势有关。越冬雁类适宜栖息地逐步向湖心移动,平均海拔下降了 1 m 以上。因此,有必要制订科学的鄱阳湖水文管理计划,以满足雁类栖息地的需求。

参考文献

[1] GRILL G,LEHNER B,THIEME M,et al. Mapping the world's free-flowing rivers[J]. Nature,2019,569(7755):215-221.

[2] WEN L,MACDONALD R,MORRISON T,et al. From hydrodynamic to hydrological modelling:investigating long-term hydrological regimes of key wetlands in the Macquarie marshes,a semi-arid lowland floodplain in Australia[J]. Journal of Hydrology,2013,500:45-61.

[3] PALMER M,RUHI A. Linkages between flow regime,biota,and ecosystem processes:Implications for river restoration[J]. Science,2019,365(6459):1-10.

[4] HABERSACK H,HASPEL D,KONDOLF M. Large rivers in the anthropocene:insights and tools for understanding climatic,land use,and reservoir influences[J]. Water Resources Research,2014,50(5):3641-3646.

[5] GUAN L,LEI J L,ZUO A J,et al. Optimizing the timing of water level recession for conservation of wintering geese in Dongting Lake,China[J]. Ecological Engineering,2016,88:90-98.

[6] JIA Q,WANG X,ZHANG Y,et al. Drivers of waterbird communities and their declines on Yangtze River floodplain lakes[J]. Biological Conservation,2018,218:240-246.

[7] HAN X X,FENG L,HU C M,et al. Wetland changes of China's largest freshwater lake and their linkage with the Three Gorges Dam[J]. Remote Sensing of Environment,2018,204:799-811.

[8] HU J Y,XIE Y H,TANG Y,et al. Changes of vegetation distribution in the east Dongting Lake after the operation of the Three Gorges Dam,China[J]. Frontiers in

Plant Science,2018,9:582.

[9] YAO S Y,LI X Y,LIU C L,et al. New assessment indicator of habitat suitability for migratory bird in wetland based on hydrodynamic model and vegetation growth threshold[J]. Ecological Indicators,2020,117:1-5.

[10] YUAN S B,YANG Z D,LIU X Q,et al. Water level requirements of a Carex hygrophyte in Yangtze floodplain lakes[J]. Ecological Engineering,2019,129:29-37.

[11] ISAAC N J B,JARZYNA M A,KEIL P,et al. Data integration for large-scale models of species distributions[J]. Trends in Ecology & Evolution,2020,35(1):56-67.

[12] CAO L,BARTER M,LEI G. New Anatidae population estimates for Eastern China: Implications for current flyway estimates[J]. Biological Conservation,2008,141(9): 2301-2309.

[13] XIA S X,WANG Y Y,LEI G,et al. Restriction of herbivorous waterbird distributions in the middle and Lower Yangtze River floodplain in view of hydrological isolation[J]. Wetlands,2017,37(1):79-88.

[14] JIA Q,KOYAMA K,CHOI C Y,et al. Population estimates and geographical distributions of swans and geese in East Asia based on counts during the non-breeding season[J]. Bird Conservation International,2016,26(4):397-417.

[15] XIA S X,LIU Y,WANG Y Y,et al. Wintering waterbirds in a large river floodplain: Hydrological connectivity is the key for reconciling development and conservation [J]. Science of the Total Environment,2016,573:645-660.

[16] GUO H,HU Q,ZHANG Q,et al. Effects of the Three Gorges Dam on Yangtze River flow and river interaction with Poyang Lake,China:2003—2008[J]. Journal of Hydrology,2012,416:19-27.

[17] WANG J D,SHENG Y W,GLEASON C J,et al. Downstream Yangtze River levels impacted by Three Gorges Dam[J]. Environmental Research Letters,2013,8(4): 1-10.

[18] LIU Y B,WU G P,ZHAO X S. Recent declines in China's largest freshwater lake: trend or regime shift? [J]. Environmental Research Letters,2013,8(1):1-6.

[19] ZHAO M J,CONG P H,BARTER M,et al. The changing abundance and distribution of Greater White-fronted Geese Anser albifrons in the Yangtze River floodplain:impacts of recent hydrological changes[J]. Bird Conservation International,2012,22 (2):135-143.

[20] HU Q,FENG S,GUO H,et al. Interactions of the Yangtze River flow and hydrologic processes of the Poyang Lake,China[J]. Journal of Hydrology,2007,347(1/2): 90-100.

[21] HAN X X,CHEN X L,FENG L. Four decades of winter wetland changes in Poyang

Lake based on Landsat observations between 1973 and 2013[J]. Remote Sensing of Environment,2015,156:426-437.

[22] WANG J D,SHENG Y W,WADA Y. Little impact of Three Gorges Dam on recent decadal lake decline across China's Yangtze Plain[J]. Water Resources Research, 2017,53(5):3854-3877.

[23] WANG J D,SHENG Y W,TONG T S D. Monitoring decadal lake dynamics across the Yangtze Basin downstream of Three Gorges Dam[J]. Remote Sensing of Environment,2014,152:251-269.

[24] MEI X F,DAI Z J,DU J Z,et al. Linkage between Three Gorges Dam impacts and the dramatic recessions in China's largest freshwater lake, Poyang Lake[J]. Scientific Reports,2015,5:18197.

[25] GARROUTTE E,HANSEN A,LAWRENCE R. Using NDVI and EVI to map spatiotemporal variation in the biomass and quality of forage for migratory elk in the greater Yellowstone ecosystem[J]. Remote Sensing,2016,8(5):404.

[26] WEI J,XIN Q C,JI L Y,et al. A new satellite-based indicator to identify spatiotemporal foraging areas for herbivorous waterfowl[J]. Ecological Indicators,2019,99:83-90.

[27] TENG J K,XIA S X,LIU Y,et al. An integrated model for prediction of hydrologic anomalies for habitat suitability of overwintering geese in a large floodplain wetland, China[J]. Journal of Environmental Management,2023,331:1-8.

[28] TENG J K, XIA S X, LIU Y, et al. Differences of regulative flexibility between hydrological isolated and connected lakes in a large floodplain: insight from inundation dynamics and landscape heterogeneity[J]. Water,2020,12(4):991.

[29] HEIN S,PFENNING B,HOVESTADT T,et al. Patch density,movement pattern, and realised dispersal distances in a patch-matrix landscape: a simulation study[J]. Ecological Modelling,2004,174(4):411-420.

[30] TENG J K,XIA S X,DUAN H L,et al. Temporal and spatial evolution of herbivorous waterbird habitat in floodplain wetland driven by hydrology[J]. Water Resources Research,2023,59(8):1-6.

[31] ZHANG Q,LI L,WANG Y G,et al. Has the Three-Gorges Dam made the Poyang Lake wetlands wetter and drier? [J]. Geophysical Research Letters,2012,39(20): 2-8.

[32] WANG X,FOX A D,CONG P H,et al. Food constraints explain the restricted distribution of wintering Lesser White-fronted GeeseAnser erythropusin China[J]. Ibis, 2013,155(3):576-592.

[33] FENG L,HAN X X,HU C M,et al. Four decades of wetland changes of the largest

freshwater lake in China: Possible linkage to the Three Gorges Dam? [J]. Remote Sensing of Environment, 2016, 176: 43-55.

[34] WANG X, CAO L, FOX A D, et al. Stochastic simulations reveal few green wave surfing populations among spring migrating herbivorous waterfowl[J]. Nature Communications, 2019, 10(1): 2187.

[35] DENG X Q, ZHAO Q S, FANG L, et al. Spring migration duration exceeds that of autumn migration in Far East Asian Greater White-fronted Geese (Anser albifrons) [J]. Avian Research, 2019, 10: 19.

[36] LI X, SHA J, WANG Z L. Influence of the Three Gorges Reservoir on climate drought in the Yangtze River Basin[J]. Environmental Science and Pollution Research, 2021, 28(23): 29755-29772.

[37] XU Y Y, CHENG X, GUN Z. What drive regional changes in the number and surface area of lakes across the Yangtze River Basin during 2000—2019: human or climatic factors? [J]. Water Resources Research, 2022, 58(2): 3-10.

[38] ZHANG P Y, ZOU Y A, XIE Y H, et al. Shifts in distribution of herbivorous geese relative to hydrological variation in East Dongting Lake wetland, China[J]. Science of the Total Environment, 2018, 636: 30-38.

[39] ZHANG P Y, ZOU Y A, XIE Y H, et al. Phenological mismatch caused by water regime change may explain the population variation of the vulnerable lesser white-fronted goose in east Dongting Lake, China[J]. Ecological Indicators, 2021, 127: 107776.

[40] ZOU Y A, TANG Y, XIE Y H, et al. Response of herbivorous geese to wintering habitat changes: conservation insights from long-term population monitoring in the East Dongting Lake, China[J]. Regional Environmental Change, 2017, 17(3): 879-888.

[41] GUAN L, WEN L, FENG D D, et al. Delayed flood recession in central Yangtze floodplains can cause significant food shortages for wintering geese: results of inundation experiment[J]. Environmental Management, 2014, 54(6): 1331-1341.

第8章 长江中下游湖泊群植食性水鸟栖息地变化差异

湿地生态系统是地球上生物多样性最高的生态系统之一，为水生动植物提供了生存和繁衍的空间[1]。过去的几十年里，在水资源开发、水污染和土地复垦等巨大压力下，湿地面积急剧萎缩，生物多样性严重下降[2]。水鸟是湿地保护的旗舰物种和表征生态系统变化的生物指标[3]，湿地的丧失和退化对水鸟产生了负面影响[4]。因此了解湿地水鸟的动态分布，并评估湿地变化如何影响水鸟栖息地分布和适宜性变化至关重要。

水鸟时空分布差异受到自身物种特征和环境要素的影响，不同物种在湿地生态系统中具有不同的生态位[5]。环境要素中，湿地的水文特征（如面积、水深、淹没时长）[6]、食物资源[7]以及人为干扰[8]被认为是影响水鸟在越冬地分布和丰度的重要因素。植食性水鸟以湿地植被为主要食物资源，同时，湿地植被的生物量和分布与水文情况密切相关[9]。长江中下游湿地是东亚-澳大利西亚迁徙路线迁徙水鸟的重要越冬地湿地，为数百万只水鸟提供了越冬地[10]。长江中下游湿地夏季水位高，秋冬水位下降，水位差异形成的植被洲滩为植食性水鸟提供了食物来源；因此也有研究认为，湿地洪泛区面积是预测湿地植食性水鸟栖息地适宜性的重要指标[11]。

栖息地模型是开展物种分布及栖息地预测的重要方法之一，是进行物种及其栖息地保护的前提和基础。对湿地水鸟栖息地适宜性的模拟已经开展了大量的研究，所涉及的方法也很多[12]。物种分布模型（species distribution models，SDM）和栖息地适宜性指数模型（habitat suitability index，HSI）等均被广泛使用[13,14]。其中，物种分布模型是基于统计或理论上得出的将物种实地观测与环境预测变量相关联的经验模型[15]，常用的模型包括随机森林模型（random forest）和最大熵模型（MaxEnt）等。与其他常用的模型相比（如广义线性模型、随机森林等），MaxEnt 模型仅需要物种出现位置数据对物种分布进行建模，并有良好的预测效果，同时具有操作简单、对样本量要求较低的特点，已被广泛应用于预测物种的潜在地理分布[16]。对于大范围的区域来说，系统的生物调查数据往往很少或覆盖面有限，相关研究存在一定困难[17]。公民科学数据提供了长时间、大范围的水鸟种类、位置、时间等信息，有效填补了这一空白[18]。

本章为探究长江中下游湖泊近十年植食性水鸟栖息地适宜性变化，基于筛选后的植食性水鸟公民科学数据，结合 MaxEnt 模型模拟了长江中下游 25 个湖泊 2012—2021 年植食性水鸟栖息地面积变化及空间分布变化特征；同时计算湖泊洪泛区面积并分析其与植食性水鸟栖息地之间的关系，探究湖泊植食性水鸟栖息地变化特征，为理解湿地生态系统变化特征及各要素之间的相互作用关系提供科学依据。

8.1　长江中下游水鸟栖息地模型模拟

8.1.1　水鸟栖息地模型

长江中下游湖泊湿地水鸟记录来源于 eBird（https://ebird.org/home）、全球生物多样性信息网络（GBIF）（http://www.gbifchina.org/）和鸟类报告（http://www.birdreport.cn/）。下载的数据包括物种名称、经度、纬度、地名和调查日期。这些数据记录通常由观鸟爱好者上传，并由专业的检查人员筛选过滤，因此不常见物种识别错误。将获取的水鸟公民科学数据通过按位置筛选出在研究区范围内的数据，并去除相同位置数据。为了解决空间和时间偏差，我们使用高分辨率遥感地图手动验证与实际地名明显偏离的坐标。选择其中以植物性食物为主要食物来源的物种，最终得到包含 17 个物种的 2 227 条记录（表 8-1），包括：11 种鸭类（主要以水生植物叶、芽、种子、农作物幼苗、谷物等植物性食物为食）；6 种雁类（主要以植物性食物为食）。

表 8-1　雁鸭类功能组 23 种水鸟物种数据信息

序号	中文名称	英文名称	拉丁文名称	分布数据记录
1	青头潜鸭	Baer's Pochard	*Aythya baeri*	27
2	红头潜鸭	Common Pochard	*Aythya ferina*	67
3	赤颈鸭	Eurasian Wigeon	*Mareca penelope*	46
4	罗纹鸭	Falcated Duck	*Mareca falcata*	49
5	赤膀鸭	Gadwall	*Mareca strepera*	48
6	白眉鸭	Garganey	*Spatula querquedula*	19
7	绿头鸭	Mallard	*Anas platyrhynchos*	259
8	针尾鸭	Northern Pintail	*Anas acuta*	58
9	赤麻鸭	Ruddy Shelduck	*Tadorna ferruginea*	62
10	斑嘴鸭	Spot-billed Duck	*Anas zonorhyncha*	700
11	绿翅鸭	Eurasian Teal	*Anas crecca*	188
12	白额雁	Greater White-fronted Goose	*Anser albifrons*	188
13	豆雁	Bean Goose	*Anser fabalis*	132
14	短嘴豆雁	Tundra Bean Goose	*Anser serrirostris*	49
15	鸿雁	Swan Goose	*Anser cygnoides*	186
16	灰雁	Greylag Goose	*Anser anser*	143
17	小白额雁	Lesser White-fronted Goose	*Anser erythropus*	33

本章节选取了 12 个指标作为模型模拟时的环境变量。植被指数可以作为反映植食性水鸟栖息地分布的重要指标[19]，本书研究对象为以植被为主要食物来源的雁鸭类水鸟，因此选取了 MOD13Q1 V6.1 植被指数产品（https://doi.org/10.5067/MODIS/MOD13Q1.061）。该产品提供全球范围 16 天/景，250 m 分辨率的归一化植被指数（NDVI）。研究以年为时间单位，分别计算了 2012—2020 年每年最大 NDVI，最小 NDVI 和平均 NDVI。温度和降雨也是影响水鸟分布的重要环境要素[20-22]，研究使用逐日更新、1 km 分辨率的 MOD11A1.061 陆地表面温度产品（https://doi.org/10.5067/MODIS/MOD11A1.061），计算每年最大地表温度、最小地表温度和平均地表温度。降雨数据则使用空间分辨率为 0.05°的 CHIRPS 全球降雨数据集[23]，并同样以年为单位，计算了年最大降雨量、最小降雨量和平均降雨量。研究同样考虑了地形要素对水鸟分布的影响[24]，使用了基于 ALOS 卫星生成的 30 m 分辨率的数字地表模型产品[25]，并基于此产品计算了坡度和坡向数据。由于地形相关要素在一定时间范围内变化较小，因此本研究时间范围内视为不变。

MaxEnt 模型基于最大熵理论，通过整合物种分布位置与环境变量数据，能够精准预测物种的潜在地理分布范围[26]。在数据预处理阶段，将所有环境数据统一重采样至 1 km 分辨率，并对数据范围进行标准化裁剪，确保数据的一致性与可比性。随后，将长江中下游雁鸭类水鸟的分布位置数据与处理后的环境数据，导入 MaxEnt 模型（v3.1.1）进行越冬水鸟分布模型构建。在模型训练过程中，随机选取 80%的水鸟分布数据作为训练集，剩余 20%作为测试集，以验证模型的泛化能力。为提升模型稳健性，采用类别选择自举法（Bootstrap），重复运行模型 5 次，其余参数均采用默认设置，并以多次模拟结果的平均值作为最终预测输出。

模型准确性评估方面，研究采用受试者工作特征曲线（ROC 曲线）下的 AUC 值作为核心指标。AUC 值（受试者工作特征曲线下的面积）不受分类阈值影响，能够提供相对客观的评估结果。通常认为，AUC 值介于 0 到 1 之间，数值越大表明模型预测准确性越高，当 AUC 值>0.7 时，可判定模型性能良好[27,28]。

8.1.2 计算湖泊洪泛湿地面积占比

Liu 等[29]提供了基于 MODIS 数据反演的 GLOBMAPSWF 产品（全球年地表水体覆盖频率数据集），该产品涵盖 2000—2020 年全球 500 m 分辨率的地表水覆被频率数据。本研究将湖泊洪泛区界定为单个湖泊内地表水覆盖频率介于 20%～70%的区域[30]，并通过空间分析方法，提取计算了 2012—2020 年长江中下游湖泊群中各湖泊每年的洪泛区面积占全湖面积的比例。

8.2 模型预测结果评估

根据模拟结果，2012—2021 年长江中下游湖泊群植食性水鸟栖息地模型评估效果见表 8-2。数据显示，2012—2021 年训练集的 AUC 值范围为 0.82～0.97，平均 AUC 值达 0.87；测试集的 AUC 值范围为 0.55～0.85，平均 AUC 值为 0.69。其中，2014 年、2020 年和 2021

年测试集 AUC 值小于 0.7，其余年份训练集 AUC 值均大于 0.8，测试集 AUC 值均大于 0.7。这表明 MaxEnt 模型在大部分年份能够较准确地反映长江中下游湖泊群植食性水鸟生境适宜性的时空分布特征。

表 8-2　2012—2021 年训练集与测试集 AUC 值

年份	训练集 AUC 值	测试集 AUC 值
2012	0.90	0.73
2013	0.97	0.70
2014	0.85	0.55
2015	0.89	0.85
2016	0.90	0.72
2017	0.84	0.70
2018	0.88	0.73
2019	0.84	0.76
2020	0.82	0.60
2021	0.85	0.64

8.3　长江中下游典型湖泊适宜栖息地分布变化

研究范围内 25 个湖泊的总面积为 6 815 km^2。本研究统计了研究范围内植食性水鸟栖息地适宜性指数大于 0.5 的面积（图 8-1），结果显示：水鸟栖息地适宜性大于 0.5 的面积最小值出现在 2013 年（1 580 km^2），最大值出现在 2014 年，但 2014 年模型拟合精度较差，次大值为 2012 年（4 018 km^2）；2012—2021 年期间，该面积虽呈下降趋势，但未通过显著性检验（$p>0.05$）。图 8-2 和图 8-3 展示了 2012—2021 年长江中下游典型湖泊植食性水鸟适宜栖息地的时空分布变化特征，结果表明：植食性水鸟栖息地适宜性呈现从湖泊周边向湖心

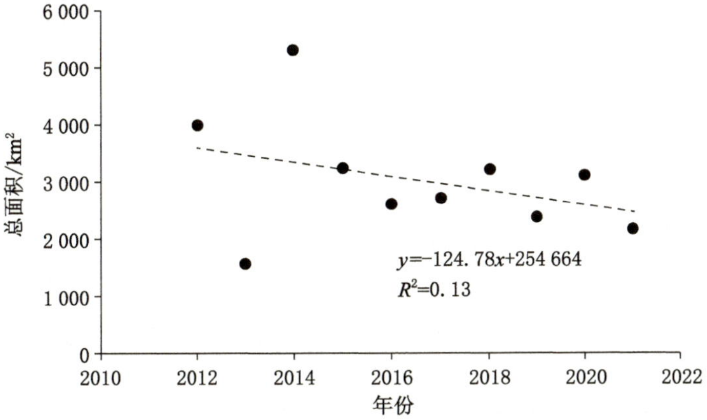

图 8-1　2012—2021 年植食性水鸟栖息地适宜性指数大于 0.5 的面积

递减的趋势，其中鄱阳湖适宜性高值区域主要分布在以碟形湖为主的洪泛湿地。

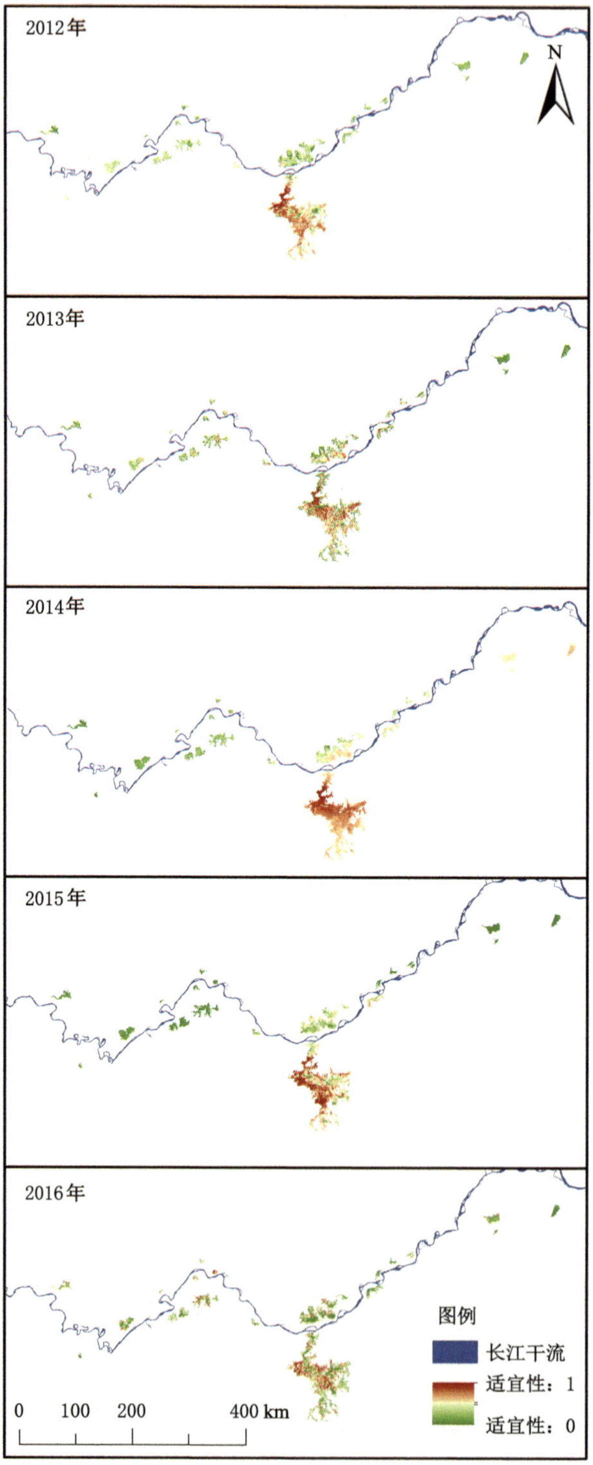

图 8-2　2012—2016 年长江中下游湖泊植食性水鸟适宜栖息地时空分布

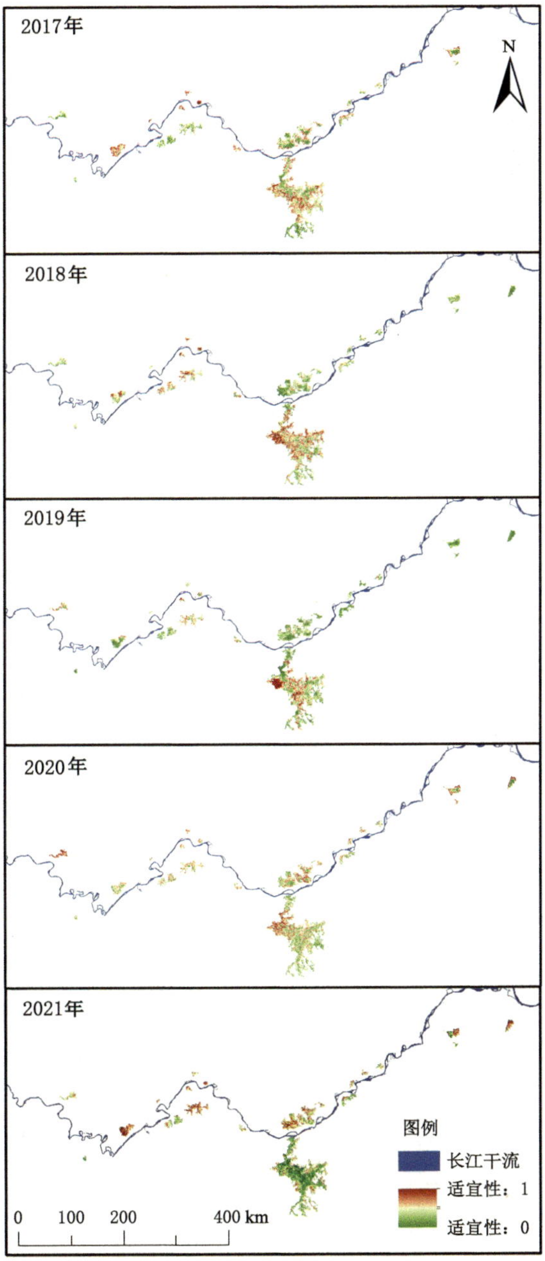

图 8-3　2017—2021 年长江中下游湖泊植食性水鸟适宜栖息地时空分布

8.4　植食性水鸟栖息地适宜性变化特征及其与洪泛湿地面积关系

图 8-4 为 2012—2021 年长江中下游不同湖泊群植食性水鸟栖息地适宜性变化，其中，固城湖、漏湖、枫沙湖、武昌湖、升金湖、大官湖、龙感湖、泊湖、黄湖、陈瑶湖、破罡湖、白荡湖、

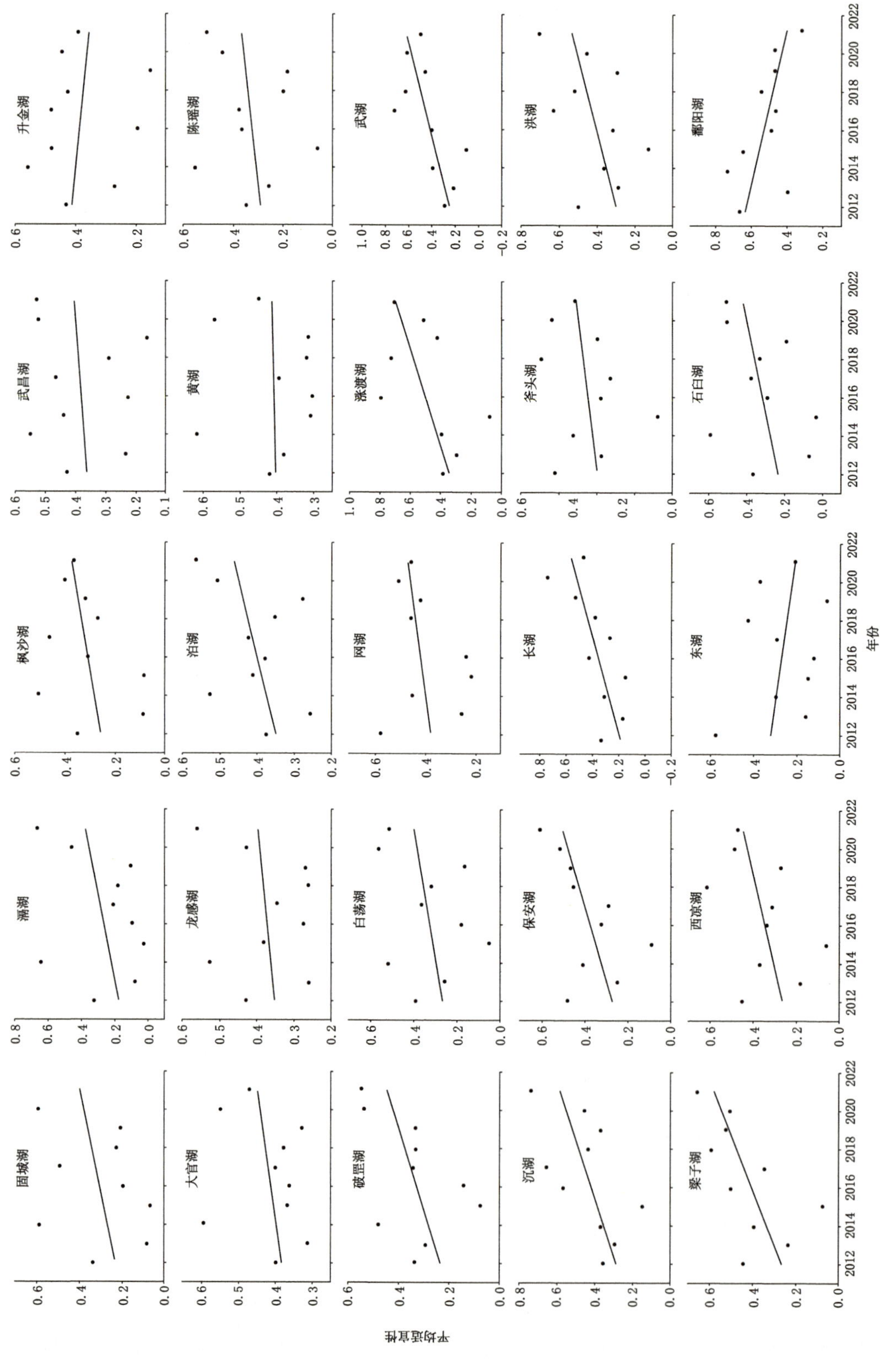

图8-4　长江中下游湖泊植食性水鸟栖息地适宜性变化特征

网湖、涨渡湖、斧头湖、洪湖、西凉湖、东湖和石臼湖适宜性呈离散分布，无显著变化趋势；沉湖（$p=0.08$）、保安湖（$p=0.10$）和梁子湖（$p=0.05$）适宜性虽有上升趋势，但未通过相关性检验；武湖和长湖适宜性呈现显著上升趋势（$p<0.05$），鄱阳湖适宜性呈显著下降趋势（$p<0.05$）。

研究同时分析了 2012—2020 年洪泛湿地占全湖面积的比例与长江中下游植食性水鸟栖息地适宜性的相关关系（图 8-5），结果表明，两者呈显著正相关（$p<0.001$）。

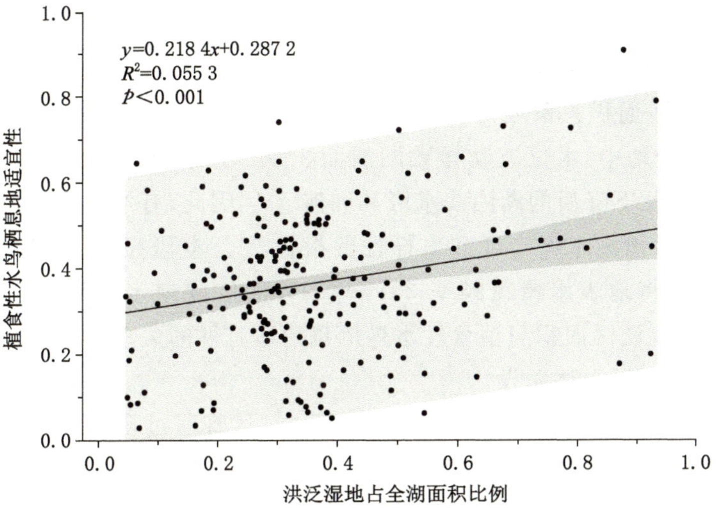

图 8-5　洪泛湿地占全湖面积比例与植食性水鸟栖息地适宜性关系

8.5　讨　　论

经数据库后台专业人员校正的水鸟公民科学数据可为水鸟分布研究提供有效信息[31]。本研究基于清洗筛选后的水鸟公民科学数据，模拟了长江中下游近十年水鸟栖息地的分布及变化特征，并通过训练集和测试集的 AUC 值[32]评估模型模拟准确度。结果显示，模型训练集的 AUC 值均大于 0.8，测试集 AUC 值除 2014 年、2020 年和 2021 年小于 0.7 外，其余年份均大于 0.7。部分年份模拟准确度不足，主要原因是可供模型运算的数据量较少，导致该时段对长江中下游湖泊植食性水鸟栖息地的空间分异特征模拟不够充分，时间变化特征分析仅具参考价值。

对长江中下游 25 个湖泊面积近十年变化趋势的分析表明，鄱阳湖面积呈显著下降趋势，长湖、武湖和梁子湖面积呈上升趋势。Teng 等[19]通过长时间序列遥感数据分析发现，鄱阳湖自 2003 年后白额雁和豆雁越冬期栖息地面积持续缩小，推测其主因是鄱阳湖水位下降导致水面面积减小。近年来，气候变化及人类活动（如上游水库运行）导致长江中下游河流流量减少[33]，严重影响了与长江连通的湖泊生态系统结构与功能。有研究指出，三峡工程运行导致长江中下游洪泛湿地植被类型面积发生明显改变[34]，进而影响以植被为主要食物来源的雁鸭类水鸟栖息地适宜性。

相较于与长江连通的鄱阳湖，阻隔湖泊可能具备更高的稳定性[30,35]。研究结果显示，长江中下游其他湖泊面积无显著变化趋势，长湖、武湖近十年植食性水鸟栖息地适宜性呈上升趋势，这可能与水文上与长江阻隔有关。因此，在气候变化对湖泊湿地生态系统影响日益加剧的背景下，可通过适当的水文调控缓解其负面影响。但需注意的是，本研究中除鄱阳湖为连通湖泊外，其余 24 个湖泊均与长江隔离，其中 21 个湖泊的栖息地适宜性未呈现显著升降趋势。同时，受限于水鸟公民科学数据的时间跨度，本研究仅分析了近 10 年的演变趋势，导致栖息地变化成因复杂，水文连通性可能仅是原因之一。

基于经典的物种-面积关系理论[36]，湖泊总面积通常被视为影响水鸟丰度和多样性的关键指标。在洪泛湿地中，水位波动导致湖泊面积季节性涨落，雁鸭类水鸟多以草本植物为食，主要分布于水位下降后的湖泊浅水区和洲滩[37]。因此，有学者提出，最大与最小水面淹没面积之差可作为预测水鸟丰度和多样性的指标[11]。本研究基于 MODIS 反演的地表水覆盖频率数据集，将地表水覆盖频率 20%～70%的区域划定为湖泊洪泛区，并拟合了 2012—2020 年湖泊洪泛区面积与植食性水鸟栖息地适宜性的关系，结果表明两者呈显著正相关（$p<0.001$），验证了上述假设。

由于水鸟公民科学数据缺乏长期性和系统性[18]，尽管通过多途径获取数据，但经清洗筛选后符合模型模拟要求的数据仍十分有限。洞庭湖作为长江中下游重要的水鸟越冬地[38]，本研究中该区域可供模拟的数据年均不足 2 条，导致模拟精度较差，因此未对其植食性水鸟栖息地分布展开分析。未来针对整个长江流域的水鸟栖息地变化模拟与分析，需整合更多水鸟调查资源，以实现对长时间、大尺度水鸟保护的科学有效评估。

8.6 本章小结

本章基于公民科学数据使用 MaxEnt 模型模拟了 2012—2021 年长江中下游典型湖泊植食性水鸟栖息地适宜性变化，并分析其与湖泊洪泛区面积的关系。研究发现，在 2012—2021 年鄱阳湖植食性水鸟栖息地面积显著下降，长湖和武湖显著上升，其他湖泊无明显变化，这可能与湖泊与长江的连通情况有关。长江中下游湖泊植食性水鸟栖息地适宜性大于 0.5 的面积最小为 2013 年（1 580 km^2），除去拟合精度较差的 2014 年，面积最大的年份为 2012 年（4 018 km^2）。长江中下游典型湖泊植食性水鸟栖息地与湖泊洪泛区面积变化显著相关，说明洪泛区面积可以作为表征湖泊植食性水鸟栖息地适宜性的有效指标。

参考文献

[1] GIBBS J P. Wetland loss and biodiversity conservation[J]. Conservation Biology, 2000, 14(1): 314-317.

[2] JUNK W J, AN S Q, FINLAYSON C M, et al. Current state of knowledge regarding

the world's wetlands and their future under global climate change: a synthesis[J]. Aquatic Sciences, 2013, 75(1): 151-167.

[3] 王强,吕宪国. 鸟类在湿地生态系统监测与评价中的应用[J]. 湿地科学, 2007, 5(3): 274-281.

[4] ZHANG Y, CAO L, BARTER M, et al. Changing distribution and abundance of Swan GooseAnser cygnoidesin the Yangtze River floodplain: the likely loss of a very important wintering site[J]. Bird Conservation International, 2011, 21(1): 36-48.

[5] ZHANG P Y, ZOU Y A, XIE Y H, et al. Shifts in distribution of herbivorous geese relative to hydrological variation in East Dongting Lake wetland, China[J]. Science of the Total Environment, 2018, 636: 30-38.

[6] TENG J K, YU X B, XIA S X, et al. Suitable habitat dynamics of wintering geese in a large floodplain wetland: insights from flood duration[J]. Remote Sensing, 2022, 14(4): 952.

[7] LIANG J, MENG Q F, LI X, et al. The influence of hydrological variables, climatic variables and food availability on Anatidae in interconnected river-lake systems, the middle and lower reaches of the Yangtze River floodplain[J]. Science of the Total Environment, 2021, 768: 1-12.

[8] PATRICK DONNELLY J, KING S L, SILVERMAN N L, et al. Climate and human water use diminish wetland networks supporting continental waterbird migration[J]. Global Change Biology, 2020, 26(4): 2042-2059.

[9] SHI L L, WANG Y Y, JIA Y F, et al. Vegetation cover dynamics and resilience to climatic and hydrological disturbances in seasonal floodplain: the effects of hydrological connectivity[J]. Frontiers in Plant Science, 2017, 8: 2196.

[10] WANG W J, FRASER J D, CHEN J K. Wintering waterbirds in the middle and Lower Yangtze River floodplain: changes in abundance and distribution[J]. Bird Conservation International, 2017, 27(2): 167-186.

[11] JIA Q, WANG X, ZHANG Y, et al. Drivers of waterbird communities and their declines on Yangtze River floodplain lakes[J]. Biological Conservation, 2018, 218: 240-246.

[12] KNUTSON M G, HINES R K, POWELL L A, et al. An assessment of bird habitat quality using population growth RatesFree[J]. The Condor: Ornithological Applications, 2006, 108(2): 301-314.

[13] BROTONS L, THUILLER W, ARAÚJO M B, et al. Presence-absence versus presence-only modelling methods for predicting bird habitat suitability[J]. Ecography, 2004, 27(4): 437-448.

[14] ELITH J, PHILLIPS S J, HASTIE T, et al. A statistical explanation of MaxEnt for

ecologists[J]. Diversity and Distributions,2011,17(1):43-57.

[15] ELITH J,LEATHWICK J R. Species distribution models:ecological explanation and prediction across space and time[J]. Annual Review of Ecology,Evolution,and Systematics,2009,40:677-697.

[16] 刘小燕,周铁尘,张增信,等.长江中下游地区越冬水鸟潜在适宜栖息地分布预估[J].东北林业大学学报,2023,51(8):90-97.

[17] DUAN H L,XIA S X,YU X B,et al. Using citizen science data to inform the relative sensitivity of waterbirds to natural versus human-dominated landscapes in China[J]. Ecology and Evolution,2020,10(14):7233-7241.

[18] 段后浪,于秀波,石建斌,等.中国大陆沿海水鸟栖息地保护优先区及空缺分析[J].生态学报,2021,41(24):9574-9580.

[19] TENG J K,XIA S X,DUAN H L,et al. Temporal and spatial evolution of herbivorous waterbird habitat in floodplain wetland driven by hydrology[J]. Water Resources Research,2023,59(8):1-10.

[20] AMANO T,SZÉKELY T,WAUCHOPE H S,et al. Responses of global waterbird populations to climate change vary with latitude[J]. Nature Climate Change,2020,10:959-964.

[21] CANEPUCCIA A D,ISACCH J P,GAGLIARDINI D A,et al. Waterbird response to changes in habitat area and diversity generated by rainfall in a SW Atlantic coastal lagoon[J]. Waterbirds,2007,30(4):541-553.

[22] STUDDS C E,DELUCA W V,BAKER M E,et al. Land cover and rainfall interact to shape waterbird community composition[J]. PLoS One,2012,7(4):2-9.

[23] FUNK C,PETERSON P,LANDSFELD M,et al. The climate hazards infrared precipitation with stations:a new environmental record for monitoring extremes[J]. Scientific Data,2015,2:1-10.

[24] WANG C X,YU X B,XIA S X,et al. Potential habitats and their conservation status for swan geese (Anser cygnoides) along the east Asian flyway[J]. Remote Sensing,2022,14(8):1899.

[25] TAKAKU J,TADONO T,TSUTSUI K. Generation of high resolution global DSM from ALOS PRISM[J]. ISPRS-International Archives of the Photogrammetry,Remote Sensing and Spatial Information Sciences,2014,XL4:243-248.

[26] PHILLIPS S J,ANDERSON R P,SCHAPIRE R E. Maximum entropy modeling of species geographic distributions[J]. Ecological Modelling,2006,190(3/4):231-259.

[27] DYDERSKI M K,PAŹ S,FRELICH L E,et al. How much does climate change threaten European forest tree species distributions? [J]. Global Change Biology,2018,24(3):1150-1163.

[28] 陈新美,雷渊才,张雄清,等. 样本量对 MaxEnt 模型预测物种分布精度和稳定性的影响[J]. 林业科学,2012,48(1):53-59.

[29] LIU Y,LIU R G,SHANG R. GLOBMAP SWF:a global annual surface water cover frequency dataset during 2000-2020[J]. Earth System Science Data,2022,14(10):4505-4523.

[30] TENG J K, XIA S X, LIU Y, et al. Differences of regulative flexibility between hydrological isolated and connected lakes in a large floodplain:insight from inundation dynamics and landscape heterogeneity[J]. Water,2020,12(4):991.

[31]段后浪,于秀波. 黄渤海濒危水鸟栖息地动态变化研究 [J]. 生态学报,2023,43(15):6354-6363.

[32] 赵宁,夏少霞,于秀波,等. 基于 MaxEnt 模型的渤海湾沿岸鸻鹬类栖息地适宜性评价[J]. 生态学杂志,2020,39(1):194-205.

[33] GAO B,YANG D W,YANG H B. Impact of the Three Gorges Dam on flow regime in the middle and Lower Yangtze River[J]. Quaternary International,2013,304:43-50.

[34]李峰,谢永宏,陈心胜,等. 三峡工程运行对洞庭湖湿地植被格局的影响及调控机制[J]. 农业现代化研究,2018,39(6): 937-944.

[35] TENG J K,XIA S X,LIU Y,et al. An integrated model for prediction of hydrologic anomalies for habitat suitability of overwintering geese in a large floodplain wetland, China[J]. Journal of Environmental Management,2023,331:1-7.

[36] TRIANTIS K A,MYLONAS M,LIKA K,et al. A model for the species-area-habitat relationship[J]. Journal of Biogeography,2003,30(1):19-27.

[37] WEI J,XIN Q C,JI L Y,et al. A new satellite-based indicator to identify spatiotemporal foraging areas for herbivorous waterfowl[J]. Ecological Indicators,2019,99:83-90.

[38] ZHANG P Y,ZOU Y A,XIE Y H,et al. Phenological mismatch caused by water regime change may explain the population variation of the vulnerable lesser white-fronted goose in east Dongting Lake,China[J]. Ecological Indicators,2021,127:1-8.

第9章 结论与建议

9.1 主要结论

本书综合运用多源遥感数据、实地调查数据、水鸟 GPS 数据和水鸟公民科学数据，深入剖析水文、植被等湿地关键要素与植食性水鸟栖息地的关系，构建植食性水鸟适宜栖息地模型，系统探究植食性水鸟对不同水文情势的响应特征，阐明典型水文年植食性水鸟栖息地的时空分布规律，揭示洪泛湿地植食性水鸟栖息地的长期演变趋势，得出以下主要结论：

9.1.1 植食性水鸟对不同水文情势的响应特征

在枯水年和洪水年，植食性水鸟会扩大可取食植被的生长阶段区间；而平水年其分布较为分散，洪水年和枯水年则更为集中。例如在 2019 年平水年，适宜的水文条件使得植食性水鸟栖息空间广阔、食物资源丰富，它们倾向于选择适口性最佳、处于早期生长阶段的植被取食，因此分布更分散，EVI 阈值范围也相对集中；但在极端水文条件下，栖息空间压缩，水鸟只能通过扩大取食植被生长阶段区间来满足生存需求。

极端洪水会严重破坏植食性水鸟的自然栖息地，导致近 10%的水鸟将活动范围转移至人工湿地觅食栖息，这使得水鸟更容易受到外界干扰。

9.1.2 植食性水鸟适宜栖息地模型及典型水文年栖息地格局变化

通过分段线性函数拟合，整合转换后的环境因子及关键参数，构建栖息地适宜性模型。经剩余水鸟 GPS 点位和实地调查验证，模型平均精度达 81%，碟形湖植食性水鸟觅食地适宜性平均值更是高达 0.87，能够准确反映不同植被类型导致的栖息地适宜性差异，以及碟形湖周边浅水-泥滩-草洲区域栖息地适宜性先升后降的空间变化特征。

平水年鄱阳湖植食性水鸟栖息地适宜性最高，而枯水年和洪水年会使其适宜性下降、面积缩减。2018 年枯水年，水位低、退水早，碟形湖植被成熟度高，适口性差，水鸟栖息地向主湖转移；洪水年则因洪涝灾害导致栖息地空间大幅减少，高适宜性栖息地主要集中在碟形湖周围，主湖周边较少。

研究确定，最适宜植食性水鸟取食的生物量范围为 150～250 g/m^2。尽管水鸟偏好早期生长阶段的植被，但初期植被株高不足影响取食，在此生物量范围内的植被，其适口性和吸收率最佳，构成了水鸟最重要的觅食栖息地。

子湖对植食性水鸟栖息地的贡献率高于主湖，其提供的适宜栖息地比例远超自身面积占比，在洪水年和干旱年发挥着关键作用。管控状态下的子湖生态更为稳定，更适合水文异常期水鸟栖息。

9.1.3　洪泛湿地植食性水鸟栖息地长期时空格局演变

星子站年平均水位呈显著下降趋势。水鸟迁徙到达阶段(9～10 月)和稳定阶段，水面面积显著减少，而到达阶段水面斑块密度上升，水体破碎化加剧；春季迁徙准备阶段水面面积变化趋势不明显。

2003 年后，鄱阳湖植食性水鸟栖息地面积显著减少，这一现象在水鸟到达阶段尤为突出。同时，越冬水鸟适宜栖息地重心向湖心移动，平均海拔下降超 1 m，这与鄱阳湖逐年“变干”趋势密切相关，气候变化和上游水库群的影响可能是主要诱因。

9.1.4　长江中下游湖泊群植食性水鸟栖息地时空变化

相较于与长江直接连通的鄱阳湖，长江中下游地区的阻隔湖泊受水文变化影响较小。研究发现，除鄱阳湖外的 24 个隔离湖泊中，21 个湖泊近十年植食性水鸟栖息地适宜性无显著变化，长湖、武湖和梁子湖适宜性呈上升趋势，这可能与它们和长江的水文阻隔有关。不过，由于研究时间尺度仅为近 10 年，导致这种现象的成因复杂，水文连通性只是潜在因素之一。

9.2　决策和建议

(1) 明确“长江十年禁渔计划”后湖泊承包权和管理权归属，结合迁徙水鸟动态制定科学水位调度方案。例如，可通过闸口延迟碟形湖放水时间，使子湖在 12 月后逐步退水，持续保障越冬季水鸟栖息地面积，并开展碟形湖水位联合调度，维护水鸟生态位稳定。

(2) 系统评估水鸟食物短缺问题，制定科学恢复方案。必要时采取人工干预补充食物，加强湿生植物监测调查，探索替代食物资源并进行小范围投喂；同时，开展沉水植被监测与恢复试验性种植。

(3) 定期跟踪水鸟种群数量、分布及湿地栖息地质量变化，及时掌握水鸟生存状况，制定并动态调整针对性保护策略，确保湿地生态系统健康和水鸟种群稳定。

(4) 涉及湿地改造或植被管理等农业工程时，充分考虑水鸟越冬习性，将工程实施期避开 11 月至次年 3 月的水鸟越冬期。若无法错开，需采取调整作业时间、地点或方法等措施，降低对水鸟栖息觅食的干扰。

(5) 扩大水鸟栖息地巡护范围，重点关注稻田、藕塘等人工湿地，杜绝赶鸟、捕鸟行为。借鉴江西五星垦殖场白鹤保护小区经验，在水鸟越冬集中区域，依据迁徙节律开展短期保护行动，并加强公众科普宣传。

（6）综合运用鸟类活动追踪、滩涂湿地动态高精度分析、环境 DNA 技术及污染物痕量检测等新技术，融合地学、生态学、环境学等多学科研究方法，实时掌握鸟类及其栖息地动态，为开展针对性保护提供科学依据。

附　　录

附表 1　研究中使用的安装 GPS 追踪器编号

编号	2018 年	2019 年	2020 年
白额雁 01 · BFUL219	√		
白额雁 04 · BFUL222	√	√	√
白额雁 06 · BFUL224	√		
白额雁 004 · GSNR059	√	√	
白额雁 01 · BFUL268 · 鄱阳湖 · 20181022	√		
白额雁 02 · BFUL271 · 鄱阳湖 · 20181022	√	√	
白额雁 03 · BFUL273 · 鄱阳湖 · 20181022	√	√	
白额雁 04 · BFUL274 · 鄱阳湖 · 20181022	√	√	√
白额雁 05 · BFUL275 · 鄱阳湖 · 20181022	√	√	
白额雁 06 · BFUL276 · 鄱阳湖 · 20181022	√		
白额雁 07 · BFUL277 · 鄱阳湖 · 20181022	√		
白额雁 08 · BFUL278 · 鄱阳湖 · 20181022	√		
白额雁 09 · BFUL279 · 鄱阳湖 · 20181022	√		
白额雁 10 · BFUL280 · 鄱阳湖 · 20181022	√	√	
白额雁 11 · BFUL283 · 鄱阳湖 · 20181022	√		
白额雁 12 · BFUL284 · 鄱阳湖 · 20181022	√		
白额雁 13 · BFUL285 · 鄱阳湖 · 20181022	√		
白额雁 14 · BFUL286 · 鄱阳湖 · 20181022	√		
白额雁 15 · BFUL287 · 鄱阳湖 · 20181022	√		
白额雁 16 · BFUL288 · 鄱阳湖 · 20181022	√		
白额雁 17 · BFUL289 · 鄱阳湖 · 20181022	√	√	
白额雁 18 · BFUL290 · 鄱阳湖 · 20181022	√	√	√

附表 1(续)

编号	2018 年	2019 年	2020 年
白额雁 19 · BFUL291 · 鄱阳湖 · 20181022	√		
白额雁 20 · BFUL292 · 鄱阳湖 · 20181022	√		
白额雁 21 · BFUL293 · 鄱阳湖 · 20181022	√	√	√
白额雁 22 · GSNR097 · 鄱阳湖 · 20181022	√	√	√
白额雁 23 · GSNR098 · 鄱阳湖 · 20181022	√	√	√
白额雁 24 · GSNR100 · 鄱阳湖 · 20181022	√		
白额雁 25 · GSNR101 · 鄱阳湖 · 20181022	√		
白额雁 26 · GSNR103 · 鄱阳湖 · 20181022	√		
白额雁 27 · GSNR104 · 鄱阳湖 · 20181022	√	√	√
白额雁 28 · GSNR106 · 鄱阳湖 · 20181022	√		
白额雁 29 · GSNR107 · 鄱阳湖 · 20181022	√		
白额雁 30 · GSNR108 · 鄱阳湖 · 20181022	√	√	√
白额雁 31 · GSNR109 · 鄱阳湖 · 20181022	√		
白额雁 32 · GSNR111 · 鄱阳湖 · 20181022	√	√	√
白额雁 33 · GSNR113 · 鄱阳湖 · 20181022	√		
白额雁 34 · GSNR115 · 鄱阳湖 · 20181022	√		
白额雁 35 · GSNR116 · 鄱阳湖 · 20181022	√	√	√
白额雁 36 · GSNR118 · 鄱阳湖 · 20181022	√	√	√
白额雁 37 · GSNR119 · 鄱阳湖 · 20181022	√	√	√
白额雁 38 · GSNR120 · 鄱阳湖 · 20181022	√		
白额雁 01 · GSNR143 · 鄱阳湖 · 20190227		√	
白额雁 02 · GSNR121 · 鄱阳湖 · 20190305		√	
白额雁 03 · GSNR123 · 鄱阳湖 · 20190305		√	
白额雁 09 · GSNR131 · 鄱阳湖 · 20190305		√	
白额雁 14 · GSNR136 · 鄱阳湖 · 20190305		√	
白额雁 15 · GSNR138 · 鄱阳湖 · 20190305		√	√
白额雁 16 · GSNR139 · 鄱阳湖 · 20190305		√	√
白额雁 20 · GSNR144 · 鄱阳湖 · 20190305		√	
白额雁 21 · GSNR145 · 鄱阳湖 · 20190305		√	
白额雁 22 · GSNR146 · 鄱阳湖 · 20190305		√	√
白额雁 24 · GSNR148 · 鄱阳湖 · 20190305		√	√
白额雁 26 · GSNR150 · 鄱阳湖 · 20190305		√	

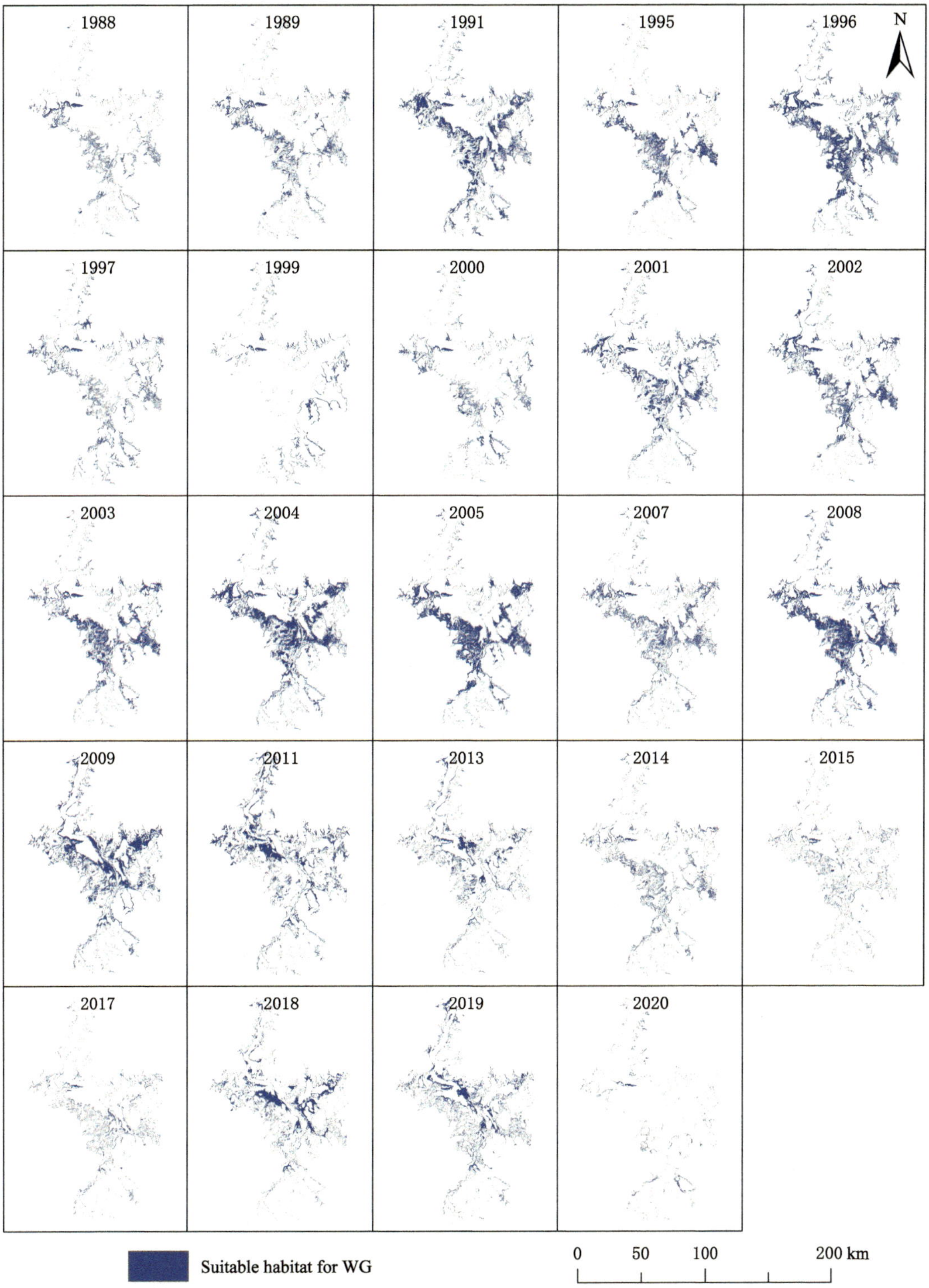

附图 1　白额雁到达阶段适宜栖息地变化

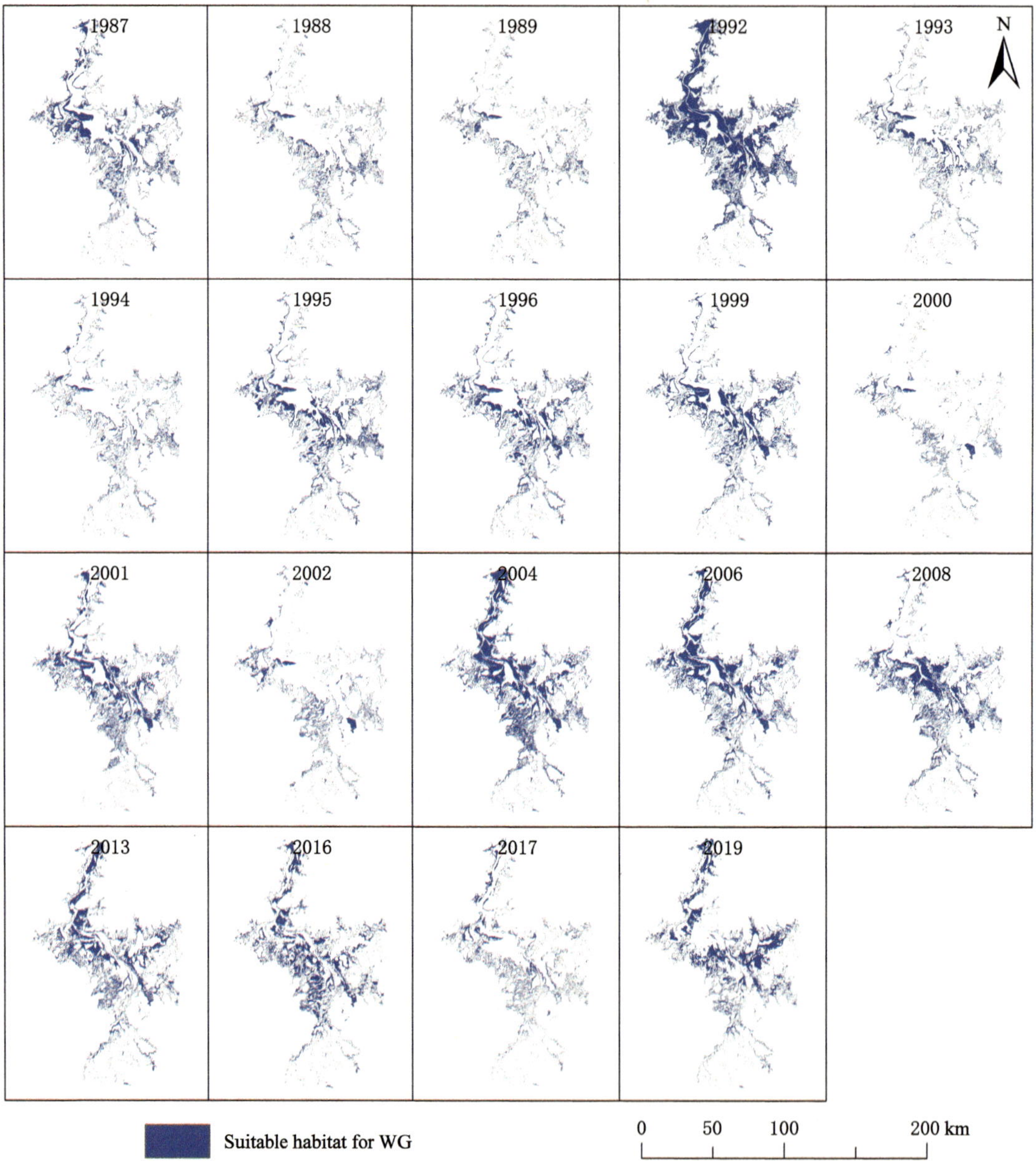

附图 2　白额雁稳定阶段适宜栖息地变化

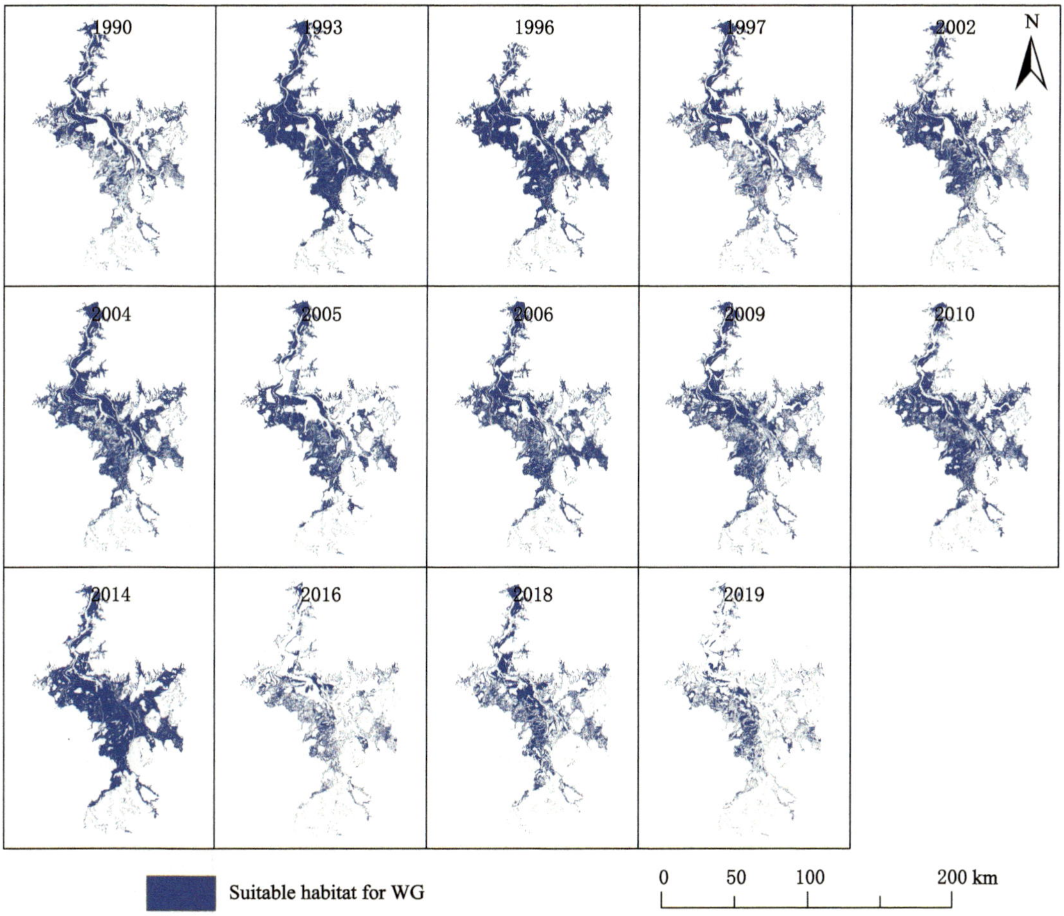

附图 3　白额雁春季迁徙准备阶段适宜栖息地变化

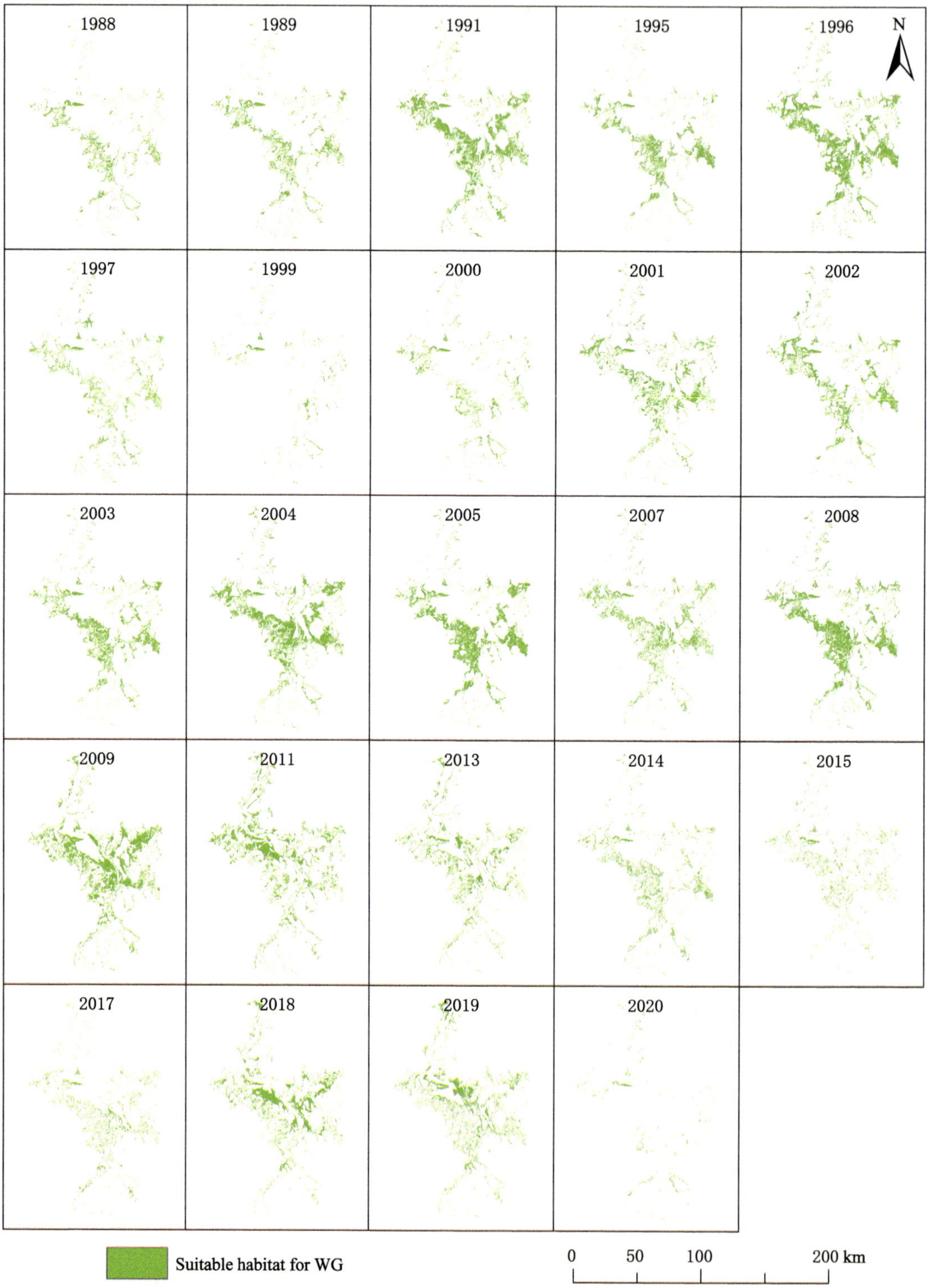

附图 4　豆雁到达阶段适宜性栖息地变化

附图 5　豆雁稳定阶段适宜栖息地变化

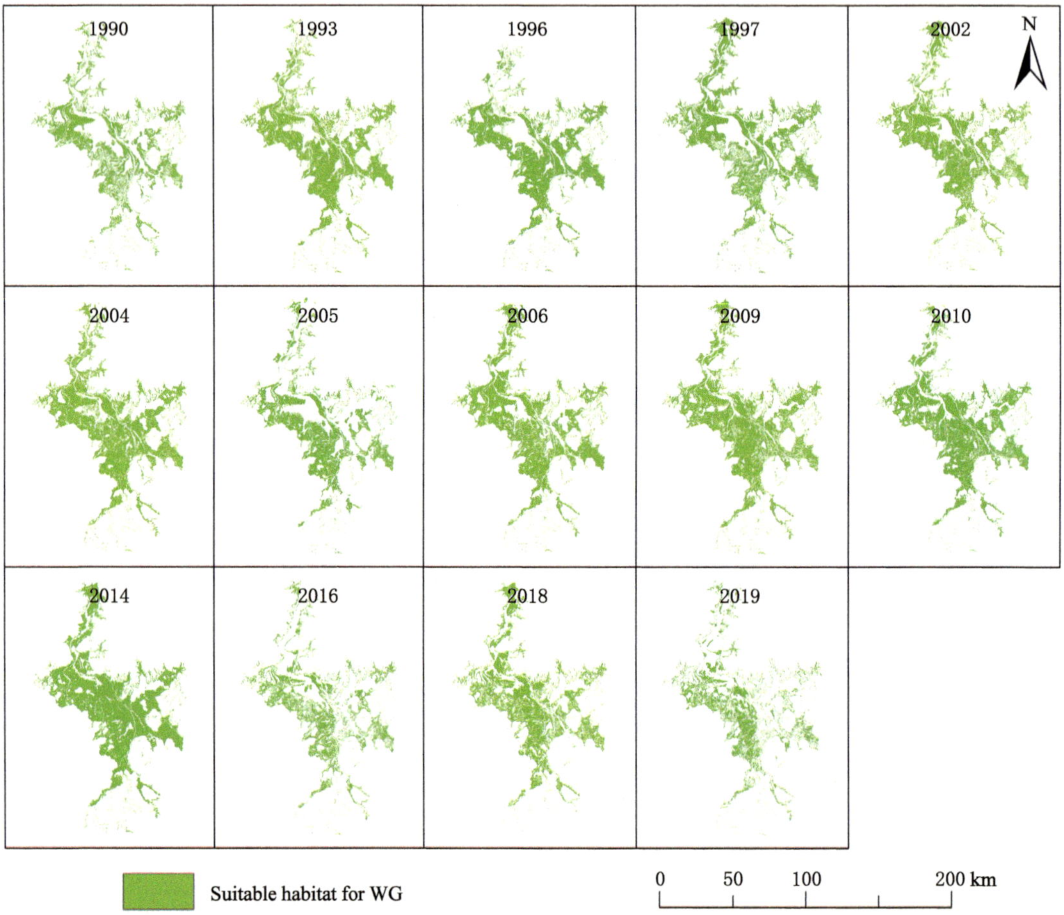

附图 6　豆雁春季迁徙准备阶段适宜性栖息地变化